冲击地压防治技术管理体系建设与实践

王　超　桂　兵　顾士坦　等著

中国矿业大学出版社
· 徐州 ·

内 容 提 要

通过多年实践，兖矿能源集团股份有限公司综合防冲技术与管理能力明显提升，冲击地压防治效果初步显现。本书针对兖矿能源集团股份有限公司近年来防冲管理体系建设过程、方法、内容、效果评价等多层次、多维度展示冲击地压防治技术管理体系与实践相结合的案例成果：(1) 确定了兖矿能源集团股份有限公司下属冲击地压矿井冲击地压类型，识别了防冲管理重难点及影响因素；(2) 建立了完善、高效的管理体系，夯实了冲击地压防治基础；(3) 建设了防冲监控预警平台、大数据综合监管平台，并对实施效果进行了分析；(4) 总结了兖矿能源集团股份有限公司近年来在冲击地压灾害治理方面的新技术、新工艺。

本书可供采矿工程专业科技工作者、研究生、工程技术人员参考使用。

图书在版编目(CIP)数据

冲击地压防治技术管理体系建设与实践 / 王超等著
.— 徐州：中国矿业大学出版社，2023.12
ISBN 978-7-5646-6125-0

Ⅰ.①冲… Ⅱ.①王… Ⅲ.①矿山压力—冲击地压—管理体系—研究 Ⅳ.①TD324

中国国家版本馆 CIP 数据核字(2023)第 250711 号

书　　名　冲击地压防治技术管理体系建设与实践
著　　者　王　超　桂　兵　顾士坦　等
责任编辑　杨　洋
出版发行　中国矿业大学出版社有限责任公司
（江苏省徐州市解放南路　邮编 221008）
营销热线　(0516)83885370　83884103
出版服务　(0516)83995789　83884920
网　　址　http://www.cumtp.com　**E-mail**:cumtpvip@cumtp.com
印　　刷　江苏淮阴新华印务有限公司
开　　本　787 mm×1092 mm　1/16　**印张** 10.75　**字数** 200 千字
版次印次　2023 年 12 月第 1 版　2023 年 12 月第 1 次印刷
定　　价　64.00 元

《冲击地压防治技术管理体系建设与实践》
撰写委员会

委　　员	王　超	桂　兵	顾士坦
	赵西坡	王光民	张云宁
	王艳立	王方方	张　勇
	高伟明	韩宁宁	赵子浩
	肖治民		
审　　稿	秦立堂	吕经超	孔　震
	贾晓东	强　伟	李振国
	吴　震	程传超	张洪兵
	孔祥安		

前　言

冲击地压是指井巷或工作面周围煤岩体，由于弹性变形能的瞬时释放而产生突然剧烈破坏的动力现象。随着我国煤矿开采强度和开采深度的不断增加，在我国多次发生冲击地压重特大事故，严重威胁煤矿安全高效生产，并造成严重的人员伤亡和经济损失。如2018年10月20日，山东龙郓煤矿发生重大冲击地压事故，造成21人死亡；2019年6月9日，吉林省龙家堡煤矿发生较大冲击地压事故，造成9人死亡；2019年8月2日，河北唐山某煤矿发生较大冲击地压事故，造成7人死亡。因此冲击地压事故已成为威胁我国煤矿安全生产的重大灾害之一。

目前，兖矿能源集团股份有限公司（以下简称"兖矿能源"）下属冲击地压矿井有10座，主要分布在山东省兖州矿区和巨野矿区及内蒙古自治区鄂尔多斯呼吉尔特矿区和纳林河矿区。近年来随着各矿区矿井开采深度、范围与强度不断增大，受埋深、煤柱及厚硬覆岩等影响，弹性震动、冲击波、矿震、煤炮等形式的动压显现时有发生，严重威胁矿井安全高效生产。

科学的技术与组织管理体系对于冲击地压防治具有重要意义，经过最近三十余年的研究，我国在冲击地压防治技术与管理方面取得了丰硕的成果，实现了冲击地压法律法规、发生机理、灾害评估、监测、预测预警、防治等领域从无到有的突破，逐渐形成了具有我国特色的冲击地压防治理论、技术与管理体系。为加强煤矿冲击地压防治工作，完善冲击地压防治体系，规范防冲工作流程，有效预防冲击地压事故，保障煤矿职工生命和财产安全，根据《煤矿安全规程》《防治煤矿冲击地压细则》《山东省煤矿冲击地压防治办法》等有关规定，结合公司实际情况，兖矿能源制定了《防治煤矿冲击地压管理规定》等一系列防冲管理文件。在山东能源集团有限公司统一安排与部署下，兖矿能源坚决贯彻国家矿山安全监察局决策部署，全面落实山东省委省政府各项要求，贯彻落实煤岩"零冲击"目标，践行"1220"(树立能量超限就是事故的理念，完善防冲管理和技术"两大体系"，坚持"布局合理、生产有序、支护可靠、监控有效、卸压到位"防冲方针)冲击地压灾害管控模式，形成了一套行之有效的冲击地压防治技术与管理体系，有力提升了冲击地压灾害防治水平。

通过近年来的实践，兖矿能源综合防冲管理能力明显提升，有力保障了防冲规章制度、技术措施的落实落地，有效避免了冲击地压事故。为了更好地总结、推广兖矿能源冲击地压防治管理体系建设的经验，本书针对兖矿能源近年来防冲管理体系建设过程、方法、内容、效果评价等多层次、多维度展示冲击地压防治技术管理体系与实践相结合的案例成果。

由于时间仓促和水平有限，书中难免存在疏漏和不妥之处，恳请读者和有关专家批评指正。

著　者

2023 年 4 月

目　录

1 绪　论

根据中国工程院《我国能源中长期发展战略研究报告》预测，2020—2030年，我国煤炭产量将达到峰值35亿～45亿t。在相当长的一段时期内煤炭仍将是我国占支配地位的主要能源，煤炭生产及消耗量也将继续保持增长趋势。然而，随着开采强度及开采深度的增加，深部围岩受“三高一扰动”(高地应力、高渗透压力、高地温、强开采扰动)影响，煤矿冲击地压越发频繁。原来发生过冲击地压的矿井，冲击形势越发严峻；原来没有发生过的矿井，也开始逐步显现冲击。由于冲击地压产生原因复杂、影响因素多、发生突然、破坏性极大，迄今为止冲击地压的机理、监测预警及其防治等尚未取得重大突破，煤矿安全问题仍亟待解决，现已成为制约我国矿井安全高效生产的一大难题。

由于对冲击地压机理研究得不透及防治及管理经验还不成熟，冲击地压事故时有发生。2018年龙郓煤业“10·20”重大冲击地压事故后，山东能源集团有限公司(以下简称山能集团)痛定思痛、知耻后勇，以“从哪里跌倒就从哪里站起来”的坚定意志，以“全国看山东、山东看山能”的责任担当，坚决贯彻国家矿山安全监察局决策部署，全面落实山东省委省政府各项要求，旗帜鲜明地提出煤岩“零冲击”目标，构建起“1220”冲击地压灾害管控模式：树立能量超限就是事故的理念，完善防冲管理和技术“两大体系”，坚持“布局合理、生产有序、支护可靠、监控有效、卸压到位”防冲方针，有力提升了冲击地压灾害防治水平。

兖矿能源是我国最具竞争力的大型煤炭企业之一，为保障国民经济和社会发展做出了突出贡献。在山能集团的领导与统一部署下，为进一步规范矿井冲击地压防治工作，建立职责明晰、管理有序、工作高效的冲击地压防治体系，全面提升矿井冲击地压防治水平，有效防止和坚决遏制煤矿冲击地压事故，兖矿能源根据《煤矿安全规程》、《防治煤矿冲击地压细则》、《国家煤矿安监局关于加强煤矿冲击地压防治工作的通知》(煤安监技装〔2019〕21号)、《关于进一步加强煤矿冲击地压防治工作的通知》(矿安)〔2020〕1号)、《山东省煤矿冲击地压防治办法》(省人民政府令第325号)等文件要求，制定了《防治煤矿冲击地压管理规定》等一系列防冲管理文件，并不断健全完善了技术创新管理制度。

目前，兖矿能源在煤矿冲击地压现场管理方面开展了大量富有成效的先进性工作，对现场进行了有效的管理与控制，有力保障了防冲规章制度、技术措施落实落地，有效避免了冲击地压事故。从兖矿能源冲击地压矿井灾害防治实际情况出发，总结冲击地压防治现场管理经验，对于指导兖矿能源下属冲击地压矿井下一步的防冲工作具有重要意义，同时对于山能集团各二级公司、全国其他矿区类似条件下矿井的冲击地压灾害防治具有很好的借鉴意义。

1.1 国内外冲击地压研究概况

1.1.1 冲击地压的定义

冲击地压是指井巷或工作面周围岩体，由于弹性变形能的瞬时释放而产生突然、剧烈破坏的动力现象，常伴有煤岩体抛出、巨响及气浪等现象。据国家矿山安全监察局调查，我国第 1 起冲击地压事故发生在辽宁省胜利煤矿，随后全国各地矿区（井）陆续发生冲击地压灾害。据相关研究记载，1985 年我国仅有 32 个矿井发生冲击地压，截至 2022 年，我国冲击地压矿井数量超过了 200 座，冲击地压矿井遍及我国 20 个省、自治区及直辖市。目前，我国煤矿开采深度以每年 10～25 m 的速度递增，冲击地压的发生频率和烈度均显著增大，表明煤矿冲击地压的发生与开采深度密不可分。随着我国煤矿开采强度和开采深度的不断增加，冲击地压灾害已成为威胁我国煤矿安全生产的重大灾害之一。

冲击地压的发生是有条件的，并非相同地质条件的矿井都会发生冲击地压，即使同一矿井，也不是所有的区域都会发生冲击地压。对于冲击地压发生的条件，不同的学者有不同的认识，一般认为必须具备 3 个条件：① 内在条件，即煤岩体具有冲击倾向性；② 应力条件，即有超过煤岩体破坏强度的应力作用在其中；③ 结构条件，即具有弱面和容易引起突变滑动的层状界面。只有同时具备这 3 个条件才会导致冲击地压的发生，否则冲击地压不会发生。因此，可以认为冲击地压实质是具有冲击倾向性的煤岩结构体在高应力（构造应力、自重应力）作用下发生变形，局部形成高应力集中并积聚能量，在采动应力扰动下，沿煤岩结构弱面或接触面发生黏滑并释放大量能量的动力现象。

冲击地压发生机理是冲击地压研究中最主要、最根本的内容之一，是冲击地压灾害评价、预测及防治的前提和理论基础。冲击地压发生机理是指冲击地压发生的原因、条件、机制和物理过程。在冲击地压基础理论方面，国内外学者相继提出了强度理论、刚度理论、能量理论、冲击倾向性理论、变形失稳理论、“三准则”理论、“三因素”机理、应力控制理论、扰动响应失稳理论、动静载叠加原理、冲击启动理论等，见表 1-1。其中，“三因素”理论给出了以煤岩物性、应力、结构为代表的具体影响因素与相互作用关系，切实指导了我国 20 多个矿区、100 余座矿井的冲击地压防治实践工作。在冲击地压监测预警方面，钻屑法、应力监测、地音法、声发射、微震监测、电磁辐射等方法在实验室及工程现场中发挥了重要作用，这些监测预警方法不仅可以监测冲击地压发生的位置和时间，还可以测定释放的能量及相关震动参量，对冲击地压监测预警发挥了积极作用。在冲击地压控制方面，普遍采用切缝、钻孔、爆破、水力压裂、切顶等人工卸压方法以求调整高应力状态，或采用更有效的支护方法，如冲击震动巷道围岩高预应力、强力锚杆＋U 形钢支护法、防冲液压支架、恒阻大变形锚杆(索)支护法等。

表 1-1 冲击地压机理的基本思想与数学描述

序号	理论	理论条件
1	强度理论	煤岩体局部应力超过极限强度满足公式 $P_k=\sigma_c+\tau_0\cot\varphi\left[\exp(2\tan\varphi\frac{x}{M})-1\right]+\sigma_c$
2	刚度理论	应力加载时矿柱刚度大于围岩刚度
3	能量理论	煤岩体力学平衡系统破坏能量大于消耗能量，满足 $W_k=W-[(U_c-U_m)+W_s]$
4	变形失稳理论	由煤岩体构成的力学系统，力学非稳定平衡状态下的失稳满足公式 $\delta^2U=\int_{v_s}\delta\{d\varepsilon\}^T[D]\delta\{d\varepsilon\}dv+\int_{v_i}\delta d\varepsilon^T[Dep]\delta\{d\varepsilon\}dv\leqslant 0$
5	“三准则”理论	冲击地压的发生需满足强度准则、能量准则和冲击倾向性准则，且这三个准则均与应力密切相关
6	“三因素”理论	煤岩体的内在因素、结构因素和力源因素是发生冲击地压的必要条件
7	应力控制理论	防治煤矿冲击地压，最关键是要准确测定采动应力并有效控制采动应力，核心是比较应力梯度的变化，应力梯度用 $\Delta\sigma_{n,t}=(\sigma_{n,t_2}-\sigma_{n,t_1})/(t_2-t_1)$ 表示
8	弱化减冲理论	降低应力集中，使煤岩体弹性能小于最小冲击能，满足 $\frac{\partial U_t}{\partial t}=AU'_t(\sigma)\frac{d\sigma}{dt}$
9	冲击启动理论	集中静载荷是内因，外界动载荷是外因，满足 $E_j+E_d-E_c>0$
10	扰动响应失稳理论	若煤岩变形微小扰动增量 ΔP 导致塑性软化变形区或特征位移的无限增长，非稳定平衡系统失稳

冲击地压发生的原因是多方面的，总的来说可以分为自然因素、技术因素、组织管理因素三类，其中自然因素属于客观因素，后两个属于主观因素。

自然因素中最基本的因素是原岩应力，主要由岩体的重力和构造残余应力组成。井巷周围岩体的应力主要由采深决定，而构造残余应力一般出现在褶曲和断层附近。其次是煤岩的冲击倾向性和岩层结构。一般情况下，煤岩的冲击倾向性越大，发生冲击地压的可能性就越大。同时，煤的强度大、弹性好，冲击地压的倾向性就高。顶板岩层越坚硬，越容易诱发冲击地压。

技术因素主要是指开采引起局部应力集中和采动压力的影响。其主要原因是开采系统不完善，或者具有坚硬的顶板、较大的悬顶，造成较大的应力集中；或者是开采历史造成的，如煤柱停采线造成的应力集中传递到邻近煤层等。同时，生产的集中化程度越高，越容易发生冲击地压。

技术和管理相互交叉的因素主要是采矿作业、支架和技术装备没有到位，没有选择有效的冲击地压预报仪器和防治的装备，以及没有进行合理控制和治理等。

1.1.2 冲击地压研究发展阶段

(1) 冲击地压初期认识阶段

由于我国煤矿早期开采深度较浅，开采强度不高，虽然 1933 年就在抚顺胜利煤矿发生过冲击地压，但是从 1949 年中华人民共和国成立到 1978 年改革开放期间，只有为数不多的几个煤矿发生过冲击地压事故，其中 20 世纪 50 年代有 7 个煤矿、60 年代有 12 个煤矿、70 年代有 22 个煤矿，且多数冲击地压是顶板的坚硬和不及时垮冒而导致高度应力集中造成的。冲击地压现象及发生条件没有被采矿工作者所关注。

(2) 冲击地压研究探索阶段

进入 20 世纪 80 年代，随着矿井开采深度的增加和采掘范围的不断扩大，北京门头沟煤矿、城子煤矿、房山煤矿，抚顺龙凤煤矿和老虎台煤矿，枣庄陶庄煤矿和八一煤矿，开滦唐山煤矿和赵各庄煤矿，双鸭山岭东煤矿，鸡西滴道河煤矿，大同忻州窑煤矿，辽源西安煤矿等都发生了冲击地压。进入 20 世纪 90 年代，随着采深的加大和采高的增加，新汶华丰煤矿、徐州三河尖煤矿、义马千秋煤矿先后发生冲击地压事故，造成巷道或回采工作面煤体冲击式破坏、U 形钢扭曲变形、支柱瞬间折弯或折断，给煤矿安全生产带来了很大影响。期间，由于煤炭市场持续萎靡，煤矿企业对冲击地压的投入明显不足，冲击地压防治工作完全处于被动状态。

在此期间，冲击地压的主要研究工作包括：一是矿井煤岩层的冲击倾向性测定工作；二是以实验室试验与相似模拟为主要方法进行的冲击地压发生机理研究工作；三是开展了以矿压、钻屑量和地音监测及地应力测量与地质动力区划为主要方法的冲击地压监测工作；四是采用煤层卸载爆破、煤层注水为主的冲击地压防治实践工作。

(3) 冲击地压研究快速发展阶段

进入 21 世纪，煤炭行业逐渐从低谷中走出来，同时随着煤矿开采技术的不断提高，采煤机、刮板输送机和液压支架的性能得到了较大幅度的改善，回采工作面的开采强度显著增大，加之部分矿井采用综采放顶煤开采方法，冲击地压矿井随之显著增多，冲击地压矿井数量从 1985 年的 32 个快速增加到 2008 年的 121 个。

在煤矿冲击地压灾害显著增加的大背景下，无论是国家，还是企业，都开始重视对煤矿冲击地压监测装备和防治技术的研发投入，因此冲击地压理论、技术、装备都得到进一步完善和提升。

(4) 冲击地压研究面临的新的挑战

2010 年，冲击地压测定、监测与防治方法的相关国家标准颁布并开始实施，标志着我国冲击地压防治进入新阶段。随着我国煤矿开采强度与深度的增加，东部煤矿开采向深部转移以及煤矿开采向西部转移，东部的山东省和黑龙江省成为冲击地压重灾区；西部的陕西省和内蒙古自治区不断有新的冲击地压矿井出现，特别是彬长矿区和鄂尔多斯矿区，尽管开采历史不长，但是冲击地压已成为这些矿区影响最大的典型灾害，大多数矿井受到冲击地压的影响。

随着开采深度的增加，与浅部开采相比，地层结构复杂，远场高位覆岩结构调整，近场低位顶板垮断，都可以成为冲击动载荷源，且受“压、剪、挤、推”连续作用，87%巷道底板出现大变形、冲击剧烈，成为能量释放通道，底板冲击显现难以解决。综上所述，我国煤炭深部开采冲击地压特征表现为发生门槛降低，冲击显现位置点多面广，隐蔽性、自发性、时滞性占比大，防治范围扩大，应力恢复快，高强度、长时效卸压要求突出。

1.1.3 冲击地压防治管理与技术标准

(1) 法律法规初始构建阶段

随着我国采煤设备的不断升级，开采强度逐渐增大，开采逐步向深部发展，冲击地压矿井数呈上升趋势。为了保证冲击地压矿井能够安全开采，原煤炭工业部于 1987 年发布了我国最初的与冲击地压相关的法规：《冲击地压煤层安全开采暂行规定》和《冲击地压预测和防治试行规范》，填补了冲击地压防治法规的空白。2000 年，原国家煤炭工业局组织制定了《煤层冲击倾向性分类及指数的测定方法》(MT/T 174—2000)和《岩石冲击倾向性分类及指数的测定方法》(MT/T 866—2000),使我国在冲击地压倾向性的认定、鉴定方面有了行业标准,但是关于冲击地压的法规和标准体系还不健全。随着我国煤矿安全监察监管体制的改变和对煤矿冲击地压的重视,在国家安全监督管理局、国家煤矿安全监察局的主持下,2004 年修订的《煤矿安全规程》中第 2 章增设"有冲击地压煤层的开采"专节(第 6 节),对冲击地压煤层开采过程中的冲击倾向性鉴定、冲击危险性预测和防治做了规定,对指导煤矿冲击地压的防治起到了积极作用。

(2) 法律法规逐渐健全阶段

2013 年 10 月,国家安全生产监督管理总局、国家煤矿安全监察局对《煤矿安全规程》进行了全面修订,将冲击地压防治列为专章(第 3 编第 5 章),包括一般规定、冲击危险性预测、区域与局部防冲措施、冲击地压安全防护措施等部分,全面系统地对冲击地压防治中的相关技术管理做了明确说明,并于 2016 年 10 月 1 日正式颁布实施。

2017 年 2 月,国家安全生产监督管理总局、国家煤矿安全监察局组织有关单位和相关专家开展了《防治煤矿冲击地压细则》的起草工作,并于 2018 年 8 月 1 日正式实施,同时废止《冲击地压煤层安全开采暂行规定》和《冲击地压预测和防治试行规范》。《防治煤矿冲击地压细则》对《煤矿安全规程》第 3 篇第 5 章中的全部条款做了进一步细化,从而形成了包括总则,一般规定,冲击危险性预测、监测、效果检验,区域与局部防冲措施,冲击地压安全防护措施和附则在内共 87 条系统的冲击地压防治规范。

2018 年龙郓煤矿"10・20"冲击地压事故发生后,国家陆续下发《关于加强煤矿冲击地压源头治理的通知》(发改能源〔2019〕764 号)和《关于加强煤矿冲击地压防治工作的通知》(煤安监技装〔2019〕21 号)文件,进一步加强了煤矿冲击地压防治要求。

2019 年 7 月,山东省政府发布了全国首部煤矿冲击地压防治省级规章《山东省煤矿冲击地压防治办法》(山东省人民政府令第 325 号),并于 9 月 1 日起施行。2021 年 4 月,陕西省应急管理厅发布了《陕西省煤矿冲击地压防治规定(试行)》(陕应急〔2021〕171 号)。两部地方性规章依据本省的冲击地压现状,进一步细化、标准化、制度化了冲击地压防治要求。

2020 年 3 月国家煤矿安全监察局发布了《煤矿冲击地压防治监管监察指导手册(试行)》,对冲击地压防治监察工作进行了详细说明。

2010—2021 年,国家质量监督检验检疫总局和中国国家标准化管理委员会陆续发布了中华人民共和国国家标准《冲击地压测定、监测与防治方法》(GB/T 25217—2010),共 14 部分,包括顶板岩层冲击倾向性分类及指数的测定方法、煤的冲击倾向性分类及指数的测定方法、煤岩组合试件冲击倾向性分类及指数的测定方法、微震监测方法、地音监测方法、钻屑监测方法、采动应力监测方法、电磁辐射监测方法、煤层注水防治方法、煤层钻孔卸压防治方法、煤层卸压爆破防治方法、开采保护层防治方法、顶板深孔爆破防治方法、顶板定向水压致裂防治方法等，建立了一整套完善的冲击地压防治标准。

2021 年 8 月 17 日，应急管理部第 27 次部务会议审议通过《应急管理部关于修改〈煤矿安全规程〉的决定》，并于 2022 年 4 月 1 日起施行。与 2016 年施行的《煤矿安全规程》相比，在冲击地压防治方面修订(新增)了相关内容。

1.2 国内外防冲技术管理体系

冲击地压是煤矿开采中典型的动力灾害之一。自世界上出现冲击地压灾害以来，国内外学者主要集中在冲击地压机理、冲击地压预测预警、冲击地压防治技术及其管理规范四个方面展开了广泛且深入的研究。

1.2.1 冲击地压机理

冲击地压机理是预测和防治冲击地压的理论基础。自 1738 年首次发生于英国至今已有德国、南非、波兰、俄罗斯、美国、加拿大、中国、日本和澳大利亚等国家发生过冲击地压或受到冲击地压的威胁。最早开始研究冲击地压问题的是南非，而对冲击地压问题的系统认识和专门研究是从 20 世纪 50 年代开始的。苏联早在 1951—1952 年就提出了关于冲击地压显现机理的假说，1955 年出版了由阿维尔申编著的《冲击地压》一书，是世界上最早的冲击地压方面的著作。此后，波兰、加拿大、美国、中国、德国、法国及日本等国家相继开展了专门的研究工作，在冲击地压发生机理、冲击地压预测与防治等方面取得了大量的成果。

国内外学者从多个角度进行了冲击地压产生机理研究，其中，Cook、Wawersik、Bieniawskiz、Singh 等较早提出了强度理论、能量理论、刚度理论、冲击倾向性理论、“三准则”理论、变形失稳理论、能量极限平衡机理等经典理论。其中强度理论认为当煤岩体所受的载荷达到其强度极限就会破坏，冲击地压发生的条件是矿山压力大于煤体-围岩力学系统的综合强度；能量理论认为在采掘范围内，矿体围岩系统在其力学平衡状态破坏时所释放的能量大于消耗能量时就会发生冲击地压；刚度理论认为煤岩体受力屈服后的刚度大于围岩及支架的刚度是产生冲击地压的必要条件；冲击倾向性理论认为冲击地压的发生与煤岩体自身的物理力学性质有关，将其称为冲击倾向性，并提出了弹性能指数和冲击能指数两个冲击倾向性指标；“三准则”理论认为强度准则是煤体破坏准则，能量准则和冲击倾向性准则是突然破坏准则，三个准则同时满足才会发生冲击地压；变形失稳理论认为冲击地压的发生是煤岩体的一种材料失稳破坏现象，当煤岩体的介质处于非稳定状态时，在外界的扰动下将会发生失稳，失稳过程中系统所释放的能量可使煤岩从静态变为动态，从而发生冲击地压；能量极限平衡机理认为当冲击地压的极限能量与能量极限平衡区的破坏能量达到平衡时，在扰动能量的作用下就会发生冲击地压。

近年来，断裂力学、损伤力学、稳定性理论、分叉混沌理论、突变理论、自组织理论、耗散结构理论等一些新兴理论及交叉学科被引入冲击地压机理、预测预报研究之中。黄庆享等采用断裂力学中的 Griffith 能量理论及能量判据，考虑了材料的损伤积累，确定了发生冲击地压的临界应力。张晓春等从断裂力学角度出发，建立了煤矿巷道片帮型冲击地压和岩爆的层裂板结构失稳破坏模型。齐庆新等建立了冲击地压的摩擦滑动失稳模型，开展了煤岩摩擦滑动实验研究，用摩擦滑动中的黏滑现象解释了冲击地压的发生机理。Pariseau 研究了冲击地压的分形特征；Bagde 等研究了现场扰动应力对岩层动力失稳的影响。

综上所述，众多学者从不同角度对冲击地压发生条件和发生过程进行了系统的描述及论证，取得了宝贵的研究成果。然而，由于冲击地压发生的复杂性，影响因素众多，到目前为止尚未能建立比较完备、系统的数学描述手段，对冲击地压的发生机理及其预测仍缺乏合理且有效的理论模型，因此提出具有普遍意义的冲击地压机理是国内外科研工作者为之长期奋斗的跨学科命题。

1.2.2 冲击地压预测预警

冲击地压的预测预警是冲击地压防治的基础，是指导各类防治措施的实施准则。经过国内外诸多学者的共同努力，初步形成了冲击地压危险预测方法，建立了矿井区域监测与局部监测的冲击地压预测、监测预警技术体系，实现了冲击危险分区分级预测预警，如图 1-1 所示。

(1) 煤层开采准备阶段冲击危险预测方法

在冲击地压煤层开采前，可利用地质、开采、巷道设计、煤岩体性质等静态的预测方法辨识冲击危险区域，其中具有代表性的方法包括基于采矿与地质因素的综合指数法、以采动应力和煤层冲击倾向性为主要指标的可能性指数诊断法、以断裂构造形式与煤岩特性等为主要判据的地质动力区划法、基于数量化的多因素耦合法，综合指数法是《防治煤矿冲击地压细则》中明确优先采用的预测方法。

冲击危险预测方法广泛应用于矿井设计和开拓准备阶段的冲击危险早期评估，对冲击地压危险区域的预卸压和安全采掘起到了积极指导作用，但都是非定量化冲击危险评价方法，评价结果受人为因素影响大，而且未考虑时间效应，不

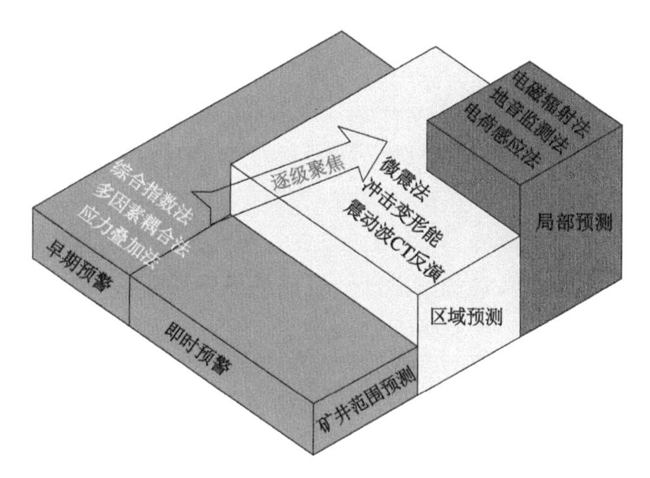

图 1-1 冲击危险分区分级监测预警

适用于生产阶段的冲击危险实时动态预警。

(2) 煤层开采阶段冲击危险监测预警方法

冲击地压防治问题突显，受到国家和煤炭企业的关注，冲击危险监测方法从最初的矿压监测和钻屑监测进一步发展到采动应力监测、微震监测、地音监测、电磁辐射监测等应力场、震动场监测，可按照监测预警空间范围分为区域监测和局部监测。

区域监测主要采用覆盖整个矿井采掘区域的微震监测法。微震监测系统通过安装在巷道的检波器连续分区域记录震动信号。微震监测系统的检波器可有效监测 500 m 范围内频率小于 100 Hz、能量大于 10^2 J 的震动信号，监测范围广，可实时给出矿震的多种信息，而且其安装工艺简单，具有不损伤煤岩体、劳动强度小等特点。因此，微震法是用于大范围判识冲击危险分布的最可靠方法，已广泛应用于矿井冲击地压的监测预警。

局部监测中代表性的方法主要有钻屑法、应力监测法、电磁辐射法和地音监测法，其能够直观反映煤岩体的应力水平和区域静载应力集中区，但其只能在巷道附近进行监测，空间预警范围有限，且在监测位置选择上取决于对冲击危险区域的理论和经验预判。

矿井地质与开采技术条件复杂、采掘空间不断移动、动静态应力场交织叠加，因而精准揭示冲击地压灾害的复杂过程是对其进行可靠预警与防治的关键。传统的单指标或相互独立的多项指标监测，只能反映灾害演化过程的单一特征或离散特征，不能准确反映灾害孕育的整体动态特征。因此，多参量综合监测预警是冲击地压监测预警的必然趋势。

1.2.3 冲击地压防治技术

在冲击地压防治方面，国内外学者主要从冲击地压的发生条件入手，其中波兰、美国等冲击地压防治以预防为主，通过调整和控制各种生产工艺因素，提前主动对冲击危险区域进行卸压解危处理。我国煤层赋存条件、采煤工艺及开采强度等与国外存在显著差异，且随着改革开放和科学技术的发展，在以往研究的基础上，研发了区域防范、局部解危相结合的冲击地压防治技术。

1.2.3.1 区域防范方法

区域防范方法是在矿井设计和生产规划阶段提出的冲击地压防治方法，是从根本上解决冲击地压难题的关键手段。做好区域防范工作可提升矿井冲击地压的防控能力，大幅度降低冲击地压灾害的发生概率，减少企业局部卸压解危安全成本投入。

(1) 合理开拓布置或开采方式

合理的开拓布置和开采方式通过调整煤层或工作面开采顺序、巷道及硐室设计和煤柱留设等方式来降低未来采掘区域应力集中和叠加，破坏冲击的孕育环境，有效降低实施局部解危措施成本，是防治冲击地压的根本措施。

初期的工作面开采方式、煤柱留设等不合理往往会使工作面附近形成局部应力高度集中，导致煤岩体内积聚大量的弹性能，易发生冲击地压事故。因此冲击地压煤层开采应保证：① 采区开采顺序合理，避免遗留煤柱和岛形煤柱；② 采区内部工作面同方向推进；③ 开拓或准备巷道、永久硐室、上下山等布置在底板岩层或无冲击危险煤层中；④ 采用不留煤柱垮落法管理顶板的长壁开采法；⑤ 工作面采用具有整体性和防护能力的可缩性支架。

(2) 保护层开采

保护层开采是在煤层群开采条件下首先开采无冲击危险性或冲击危险性较小的煤层，形成具有“降压、减震、吸能”作用的垮落覆岩结构，从而消除或降低邻近煤层的冲击危险。实践表明：保护层开采是一种有效的带有根本性的降低冲击危险性的区域卸压方案，也是最有效的防治冲击地压战略性措施。发生过冲击地压的主要国家，如苏联和波兰等，对这种方法的原理和实施参数进行了深入研究，取得了显著的应用效果。我国冲击地压比较严重的矿井——新汶华丰煤矿自 1992 年首次发生冲击地压以后，经过技术人员 10 多年的深入研究和实践探索，通过实施保护层开采技术，实现了对矿井冲击地压的有效防治，是我国冲击地压防治矿井典范。

1.2.3.2 局部卸压解危方法

冲击地压不同区域具有冲击类型、动静载力源、能量释放主体等方面的差异，局部防冲技术措施可以分为控制储能条件煤层卸压减冲措施、控制顶板能量突然释放与加载的降动载减冲技术和改善底板应力环境与支承能力的底板疏导方法。如图 1-2 所示，各类卸压解危措施作用范围有限，主要目的是降低巷道周边煤岩体应力水平、营造“破裂圈”和消弱强动载，破坏冲击发生孕灾及灾变条件。

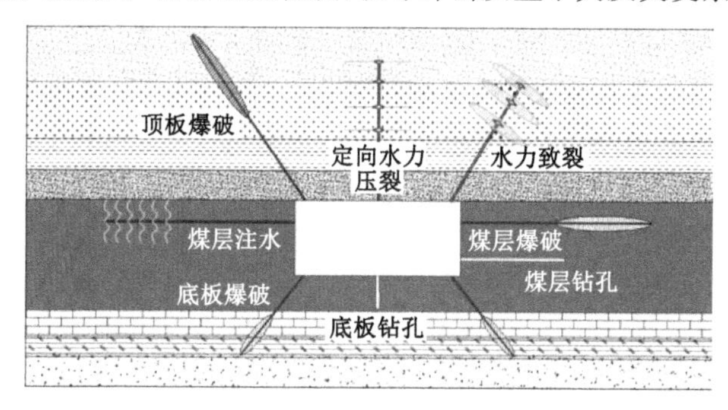

图 1-2 局部卸压解危示意图

(1) 煤层卸压减冲技术

煤层卸压减冲措施一般包括钻孔卸压、煤体爆破、煤体注水软化等。其中，煤层大直径钻孔卸压技术是指在煤岩体内应力集中区域或可能形成应力集中的煤层中实施直径通常不小于 150 mm 的钻孔，通过排出钻孔周围破坏区范围煤体变形或钻孔冲击所产生的大量煤粉，使钻孔周围煤体破坏区范围扩大，从而使钻孔周围一定应力区域煤岩体的应力集中程度下降或者高应力转移到煤岩体深处，实现对局部煤岩体进行解危。大直径钻孔卸压技术具有操作简单、施工成本低、适用性强等特点，广泛应用于全国冲击地压矿井。煤体爆破技术可充分消除或大幅度降低局部区域的冲击危险性，但不适用于煤体孔隙率低、瓦斯含量高等不宜爆破的情况，同时可能损坏支护系统和诱发冲击地压，因此不适宜大规模使用。注水软化技术和高压水射流技术是从改变煤体物理力学性质和人工制造卸压空间途径破坏冲击地压的能量条件和强度条件，从而降低煤体冲击危险性，实现煤体大面积卸压。

(2) 顶板卸压解危技术

坚硬顶板破断和滑移是诱发冲击的重要因素，根据上覆坚硬岩层距采场距离由近及远依次可采用爆破、水力致裂和地面压裂技术，将具有强储能的岩层提前破断，降低整体性，释放聚集的能量，减少对煤层和支架的冲击震动。其中，顶板深孔断裂爆破技术就是通过在巷道对顶板进行爆破，人为切断顶板，进而促使采空区顶板冒落，削弱采空区与待采区之间的顶板连续性，减小顶板来压时的强度和冲击性，达到防治冲击地压的目的；顶板水压致裂技术与地面压裂技术是处理顶板的方法，原理与顶板深孔爆破技术大体相同，只不过顶板深孔爆破技术使用的是炸药，炸药的爆轰使顶板断裂或破碎，而顶板水压致裂技术是顶板在高压水的作用下产生裂隙并扩展，甚至断裂，从而改善顶板的应力状态，以达到控制冲击地压发生的目的。

(3) 底板卸压解危技术

为了防治底板型冲击地压，采用断底爆破、底板开槽等方法破坏底板结构，切断底板与煤体、顶板应力传递的通道，进一步控制底板变形，并及时释放存储的弹性能，降低冲击危险性。

综上所述，局部卸压解危方法分别通过制造变形空间、释放弹性能和改变煤岩体物理力学性质降低煤岩体应力集中程度，但其卸压范围有限，无法从根本上消除应力集中。因此，卸压解危区域经常因应力转移，短时间内再次形成应力集中，导致卸压时效性和效果降低。

1.2.4 冲击地压防治技术管理规范

防冲技术管理在国内外已有多年的发展历程。在管理理论及技术上先后有系统防治管理、事故成因理论、冲击危险评估等，对我国煤矿企业的安全生产起到了积极的作用。目前世界上主要的采煤国家，如美国、日本、波兰及德国等，为了保证具有冲击危险性煤层的安全高效开采，都建立了一套较为严格的冲击地压防治管理体系，包括安全监督机构，制定比较完整的安全法律法规体系，安全管理机构，依法管理、监督和指导矿井的安全生产。多年的管理经验，使这些国家在冲击地压防治管理方面处于领先地位。

近年来，我国在安全法律体系、冲击地压防治监督管理体系、冲击危险信息化体系及其安全技术保障体系等方面有了快速的发展。修订和制定了一系列具有冲击危险性煤层安全开采的法律法规及其防治技术标准，加快了防治冲击地压法律法规体系建设，建立健全了矿井安全生产应急救援体系，加强了对冲击危险区域的监控及防治。加强了冲击地压防治培训和宣传教育体系建设，建立了学校专业教育、职业教育和企业教育的安全教育培训体系。煤矿企业结合自身需要开展了冲击地压防治管理体系建设方面的探索，开展了冲击危险性评价及其解危质量标准化达标等工作，取得了显著的效果。

在冲击地压防治管理标准建设上，除了国家、煤矿企业制定了标准外，相应省、自治区、直辖市还制定了地方管理规定和规范，对指导本地区的冲击地压防治工作起到了积极作用。

1.3 技术管理体系相关理论

1.3.1 技术管理的概念与意义

(1) 技术管理

技术通常是指根据生产实践经验和自然科学原理总结发展起来的各种工艺操作方法与技能。技术管理是企业或组织对技术资源进行有效管理和协调的过程。它包括识别和确定技术需求、制定技术策略和规划、组织和实施技术研发项目、推动技术创新和应用、评估和控制技术质量等方面工作。技术管理旨在确保技术能力与业务目标相匹配，提高技术研发和创新的效率和质量，促进企业的竞争力提高和可持续发展。

(2) 技术管理体系

技术管理体系是指为实现有效的技术管理，企业或组织建立的一套组织结构、流程和方法体系。它是技术管理的框架和基础，涵盖了技术管理的各个方面。技术管理体系的建立需要综合考虑企业的战略目标、市场需求、技术能力和组织文化等因素。技术管理体系包括技术策略规划、技术研发管理、技术项目管理、知识管理、技术人才培养与激励、技术质量管理等要素。

企业技术管理是企业管理系统的一个子系统，通过明确技术发展的方向和重点，制定相应的技术规划和目标，建立适应企业需求的技术研发和项目管理流程，培养和激励技术人才，加强知识管理和技术质量控制等工作，帮助企业有效地组织和协调技术资源，推动技术创新和发展，实现技术与业务的有机结合，提升企业的竞争力和市场地位。

(3) 技术管理的意义

知识经济时代，面对激烈的市场竞争，技术管理能力将作为决定企业竞争优劣的重要因素之一。经过这么多年的工业发展，越来越多的企业家和学者认识到，技术是显性的竞争力，管理是隐性的竞争力，并且管理能够促进技术的发展，管理才是竞争力。技术管理能力将影响企业的竞争优势，好的技术管理会使企业技术领先，不断进步。落后的技术管理会使企业发展变缓，逐渐丧失竞争优势，失去了时间和市场。

1.3.2 技术管理理论研究现状

随着技术管理的重要性越来越凸显，全球的学者都开始逐步进入这个领域，思考技术管理的内核——如何提高技术管理能力。经过多年的研究,专家都提出了自己的看法。

Gregory 等提出了技术管理的五步骤模型,即技术鉴定、技术选择,技术获取和消化、技术开发应用、技术保护五个步骤。

Beatriz 等认为技术管理关键过程包括清查技术能力、评价技术、优化组织、丰富技术来源、增强吸收能力、保护知识产权和监视技术状态等阶段。

Spru 等认为技术管理能力的提升依据五项活动组成的网络按顺序开展或同时开展扫描、聚焦、资源、执行、学习等活动。

在国外学者研究的基础上,我国著名学者也相应提出自己的想法。黎永明提出科技管理三代变迁,吴贵生提出四种模式,许庆瑞提出五个阶段等。这些学者提出的技术管理的模式,都是从技术管理过程视角进行探讨,通过对过程管理的深入研究提升国内企业的技术管理能力。

1.3.3 防冲技术管理及其延展

在国内、外专家对技术管理理论的研究内容上,技术管理理论是依据一般学科发展的客观规律进行控制管理的。技术管理从以下几个环节进行管理和控制——资料获取、资料筛选、资料提炼、普遍到特殊、理论到实践、实践到理论等,这些环节环环相扣,相互促进。结合现代的信息管理技术知识和共享平台理念等,创建新的技术管理体系,可协助提高技术管理能力和效率,同时能够更好地发挥技术管理在企业中的作用。

防冲技术管理是在煤矿开采过程中,针对冲击地压灾害的预防和治理,用科学的标准和方法对现场进行有效的管理和控制,最终目的是保障有关防冲规章制度、技术措施落实,从而避免冲击地压事故的发生。

由于防冲与短期生产存在矛盾,矿井层面可能存在抢生产轻防冲、现场落实标准低于方案设计、防冲思想懈怠、认知偏差等问题,从而导致:(1) 现场措施打折扣、标准降低,得过且过;(2) 对细节问题容忍度逐步增高,对存在问题听之任之;(3) 冒险作业,明知有风险不采取有效措施,最终酿成大祸;(4) 对规定条文、上级文件吃不透,落实时跑偏、走歪,被上级部门查出重大隐患等严重问题。防冲现场管理既要治标,又要治本,标本兼治,即及时发现并整改问题,堵塞管理漏洞,从根源上避免问题出现。

2　冲击地压防治技术管理现状

兖矿能源自首次记录兖州矿区东滩煤矿发生冲击地压以来，其冲击地压防治技术经历了2001—2005年的初步探索防冲阶段、2006—2015年的跨越式提升防冲阶段、2015年至今的智能数字化防冲阶段，现已基本实现“零冲击”的矿井生产目标。本章以兖矿能源为背景，介绍先进的冲击地压防治技术管理经验。

2.1　兖矿能源概况

2.1.1　公司基本情况

兖矿能源集团股份有限公司成立于1997年，以矿业、高端化工新材料、新能源、高端装备制造、智慧物流为主导产业，是中国唯一一家拥有上海、香港、纽约、澳大利亚等境内外四地上市平台的特大型能源企业。2022年原煤产量为1.25亿t，化工产品产量为681.3万t；按中国会计准则，实现营业收入2 008.3亿元，归母净利润为307.7亿元；年末资产总额为2 958亿元。

兖矿能源秉持“创造绿色动能、引领能源变革”的使命，主动融入国家“双碳”战略，聚力守正创新，加快变革转型，建成山东、陕蒙、澳洲三大运营基地，加快向世界一流、可持续发展的清洁能源引领示范企业迈进。

截至2022年年底，兖矿能源员工总数为6.4万人；总股本为49.49亿股，控股股东为山东能源集团有限公司，位列2022年世界500强第69位、中国企业500强第23位，持有公司54.81%股权。凭借优良业绩、稳健经验、强劲国际竞争力和模范履行社会责任，公司获得了世界能源行业以及国内外资本市场的普遍认可。公司入选国务院国资委国企改革“双百企业”，两度获得“全国质量奖”，是中国唯一一家荣获“亚洲质量卓越奖”和“全球卓越绩效奖”的能源企业。2022年，公司入选沪深300和上证180成分股，上榜福布斯2022中国ESG50，位列《财富》中国500强第93位。

2.1.2 公司技术管理组织架构

兖矿能源历来高度重视技术创新。公司内部通过建设创新管理体系、创新机制、创新平台和创新人才及团队建设，不断激发公司内部创新活力和创造潜能。公司依据《煤矿安全规程》《防治煤矿冲击地压细则》和山东能源集团有限公司制订的《防治煤矿冲击地压管理规定》，成立冲击地压防治领导小组，总经理任组长，生产副总经理、总工程师任副组长，有关部门负责人为成员，配备防冲副总工程师。公司设立防冲办公室，配备专职防冲管理技术人员；兖矿能源（鄂尔多斯）有限公司配备专职防冲管理技术人员；冲击地压矿井明确分管防治措施现场落实负责人，配备专职防冲副总工程师，配备专职防冲人员，设置防冲科和防冲队。组织框架如图 2-1 所示。

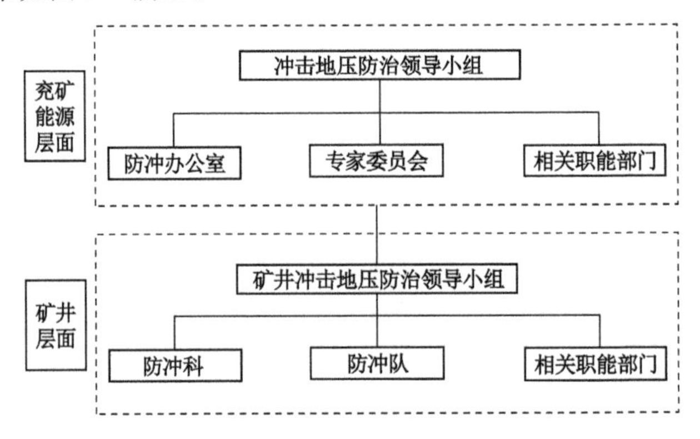

图 2-1　防冲技术管理组织框架图

各机构的主要职责分工如下。

（1）公司防治领导小组：公司总经理（主要负责人）是冲击地压防治的第一责任人，对防治工作全面负责；分管副总经理对冲击地压防治工作直接负责；总工程师是冲击地压防治的技术负责人，对防治技术工作全面负责；分管副总工程师是冲击地压防治专业技术管理的直接负责人，负责公司所属矿井防冲技术管理工作。

（2）防冲办公室：防冲业务主管部门，负责指导所属冲击地压矿井防冲体系建设及有效运行；组织审查冲击危险性评价、防冲设计等防冲技术报告；组织编制矿井冲击地压防治中长期规划、年度计划、“一矿一策”等主要防冲技术方案；组织开展重点管控工作面排查、应力异常区冲击危险性分析、大能量微震事件分析；跟踪冲击地压预警现场处置，开展矿井防冲专项督察，监督防冲措施现场落实；组织对矿井防冲科研项目、培训方案安全费用计划进行审查等。

(3) 专家委员会:负责组织公司重大防冲方案和重大科技攻关计划的审定及公司防冲技术问题指导与咨询;负责制定公司防冲发展规划,组织防冲专业重要技术交流活动及其他重大或主要技术业务等。

(4) 相关部门:具体包括生产技术部、通防部、地质测量部、安全监察部、调度指挥中心、投资发展部、人力资源部、人力资源服务中心、财务管理部等部门,为防冲提供技术、安全、资金、人力等全方位监督和保障等工作。

(5) 矿井冲击地压防治领导小组:煤矿矿长(主要负责人)是冲击地压防治的第一责任人,总工程师全面负责冲击地压防治技术管理工作,生产副矿长(生产负责人)负责生产过程中防冲措施的具体落实,安全总监(安全负责人)负责防冲岗位职责、方案措施落实的监督考核,其他负责人对分管范围内冲击地压防治工作负责。

(6) 防冲科:作为公司下属冲击地压矿井的防冲主管部门,全面负责煤矿的冲击地压防治工作。职责包括认真贯彻落实国家和上级管理部门有关冲击地压防治方面的安全技术政策、法规、规程和规定,专门负责冲击地压危险性监测、预警、处置工作;参与冲击地压事故的抢险工作;负责对矿井长远开拓、延深、采区方案设计及冲击地压防治措施的初审,参与矿井长远规划、年度生产经营计划的审查,并负责落实规划和计划中的冲击地压防治安全技术措施。负责冲击地压防治方面的新技术、新工艺、新设备、新材料的推广应用;负责贯彻落实煤矿冲击地压防治细则等上级文件规定,落实“三限三强”冲击地压防治要求,组织分管范围内的安全检查,并督促检查问题的落实整改;负责冲击地压防治方面安全风险分级管控和隐患排查治理双重预防机制建设,负责组织顶板(冲击地压)月度风险辨识和隐患排查工作,参与对冲击地压防治安全费用的管理;负责对冲击地压监测监控系统的管理;负责各类数据及信息的及时调度和安全生产中重大问题、事故隐患的监控、追踪调度及督促落实,并做好上传下达;负责编制矿井防治冲击地压实施细则,并及时组织修订;负责监督、指导冲击地压防治措施的现场落实。

(7) 防冲队:冲击地压防冲队是现场冲击地压防治监测、治理及其他技术措施落实责任单位。防冲队的主要职责包括熟悉、掌握防治冲击地压基础知识、防治常识及程序,熟悉、掌握上级有关冲击地压防治安全工作的指令、规定、法律、法规、规程和技术规范,并抓好工作落实;负责组织编制并落实冲击地压防治施工措施;负责组织冲击地压防冲队内部冲击地压防治教育培训工作;负责组织各类冲击地压防治原始数据、施工资料的收集管理工作;负责组织各冲击地压防治钻机和设备的维护、运行管理工作;负责组织冲击地压防治设备、材料计划编制与上报工作;负责组织冲击地压解危卸压工程施工。

2.1.3 公司技术管理模式的优势

为坚决贯彻国家矿山安全监察局决策部署，全面落实山东省委省政府各项要求，响应山东能源集团冲击地压灾害管控模式，兖矿能源在冲击地压灾害防治及技术管理方面具有巨大优势，具体体现在以下几个方面。

(1) 理念优势

深入践行习近平总书记“人民至上、生命至上”理念，牢记上级关于冲击地压防治的一系列指示、批示，树立“能量超限就是事故”的防控理念，坚定冲击地压事故可防、可控、可治的信心，坚持全员全过程防冲，引导干部职工树牢重大灾害防治的法律意识、危机意识、红线意识和超前意识，严格执行“限采深、限强度、限定员，强支护、强监测、强卸压”等规定，坚持“布局合理、生产有序、支护可靠、监控有效、卸压到位”防冲方针，全力打赢煤矿生存保卫战、安全生产攻坚战。

(2) 制度优势

建立完善高效管理体系，夯实冲击地压防治基础支撑，坚持“一把手”负总责，层层压实各级主要负责人的防冲责任，贯彻公司“315”防冲管理体系，执行“3456”现场管理模式，做到“六个坚持”，即坚持防冲投入优先、坚持分级分类管控、坚持配强专业队伍、坚持全员素质培训、坚持智能装备升级、坚持考核激励并重。冲击地压管理职责清晰，公司总经理(主要负责人)是冲击地压防治的第一责任人，对防治工作全面负责；分管副总经理对冲击地压防治工作直接负责；总工程师是冲击地压防治的技术负责人，对防治技术工作全面负责；分管副总工程师是冲击地压防治专业技术管理的直接负责人，负责公司所属矿井防冲技术管理工作。在技术保障体系方面，兖矿能源构建了涵盖技术标准、流程、研发的技术保障体系，实现统一领导、统一指挥、统一协调。

(3) 人才优势

兖矿能源和下属冲击地压矿井分别成立冲击地压防治领导小组，配备专业副总工程师。兖矿能源设立防冲办，下属矿井设立防冲科，配置专业队伍。将防冲监测、解危及专业技术人员纳入特种作业人员管理，实行考核持证上岗。为提升防冲专业人员素质，利用冲击地压实操培训基地，建立了上至董事长、下至岗位操作工的多层次常态化培训机制，组织内部培训。利用“山能 e 学”线上培训平台的专业题库和视频教程资源，实行分级自主学，每日一题、每月一大课一案例，推行学习积分激励机制。

(4) 技术优势

兖矿能源深入推进“机械化换人、自动化减人、智能化无人”，制定智能化矿井建设三年规划，明确“155、277、388”控人目标（将矿井分为一、二、三类，单班下井人数分别不超过100人、200人、300人，综采和综掘工作面分别不超过5人、7人、8人）。升级应力在线监测系统，提高防冲监测准确度和防冲工程施工效率，误预警次数同比持续大比例降低；全面推广高扭矩、大功率、高可靠性液压履带卸压钻机。

2.2 兖矿能源冲击地压矿井特征

2.2.1 冲击地压矿井分布

兖矿能源下属冲击地压矿井有10座，其中位于山东省内的冲击地压矿井有8座，分布于兖州矿区（南屯煤矿、兴隆庄煤矿、鲍店煤矿、东滩煤矿、济二煤矿和济三煤矿6座冲击地压矿井）和巨野矿区（赵楼煤矿和万福煤矿2座冲击地压矿井）。山东省外的冲击地压矿井有2座，分别是位于内蒙古自治区鄂尔多斯呼吉尔特矿区的石拉乌素煤矿和纳林河矿区的营盘壕煤矿，具体见表2-1。

表2-1 兖矿能源冲击地压矿井分布

地区	冲击地压矿井名称	主采煤层	煤层冲击倾向性鉴定结果
山东济宁	南屯煤矿	$3_{上}$	强
		$3_{下}$	强
	兴隆庄煤矿	3	弱
	鲍店煤矿	3	强
		$3_{上}$	强
		$3_{下}$	强
	东滩煤矿	3	弱
		$3_{上}$	强
		$3_{下}$	强
	济二煤矿	$3_{上}$	强
		$3_{下}$	强
	济三煤矿	$3_{上}$	弱
		$3_{下}$	弱

表2-1(续)

<table>
<tr><th>地区</th><th>冲击地压矿井名称</th><th>主采煤层</th><th>煤层冲击倾向性鉴定结果</th></tr>
<tr><td rowspan="4">山东菏泽</td><td rowspan="2">赵楼煤矿</td><td>3</td><td>弱</td></tr>
<tr><td>$3_{上}$</td><td>弱</td></tr>
<tr><td rowspan="2">万福煤矿</td><td>$3_{中}$</td><td>弱</td></tr>
<tr><td>$3_{下}$</td><td>弱</td></tr>
<tr><td rowspan="2">内蒙古鄂尔多斯</td><td>石拉乌素煤矿</td><td>2-2</td><td>弱</td></tr>
<tr><td>营盘壕煤矿</td><td>2-2</td><td>弱</td></tr>
</table>

2.2.2 冲击地压矿井类型

纵观我国煤矿冲击地压发生条件和特点,按照学界的观点,可以将冲击地压矿井分为以下 4 类:深部高应力型冲击地压矿井、构造应力控制型冲击地压矿井、坚硬顶板型冲击地压矿井、煤柱型冲击地压矿井。根据兖矿能源矿井地质条件、煤岩冲击倾向性、开采条件等,判定矿井冲击地压类型,如表 2-2 和图 2-2 所示。

表 2-2 兖矿能源矿井冲击类型

<table>
<tr><th>矿区</th><th>矿井</th><th>冲击地压类型</th><th colspan="2">划分依据</th></tr>
<tr><td rowspan="8">兖州矿区</td><td rowspan="4">南屯煤矿</td><td rowspan="4">构造应力控制型</td><td>1. 地质构造</td><td>总体呈单斜构造,但井田东北部、东部存在多个褶曲,东、西分别被峄山、马家楼断层所截,东部断裂构造带及褶曲附近容易产生冲击危险,故构造因素是主要因素</td></tr>
<tr><td>2. 顶板情况</td><td>煤层顶底板经鉴定具有弱冲击倾向性;煤层上方 100 m 处存在厚度为 15.28 m、10.5 m、9.4 m、16.95 m 的中、细砂岩,为冲击地压防治关键层</td></tr>
<tr><td>3. 采深</td><td>九采区埋深为 420～708 m</td></tr>
<tr><td>4. 采掘技术因素</td><td>边角煤开采形成不规则工作面,临近采空区、老巷切割煤柱</td></tr>
<tr><td rowspan="4">兴隆庄煤矿</td><td rowspan="4">构造应力控制型、坚硬顶板型</td><td>1. 地质构造</td><td>矿井防冲开采区域发育多条正断层,受断层构造控制,井下采掘活动易诱发冲击地压事故,故构造因素是主要因素</td></tr>
<tr><td>2. 顶板情况</td><td>顶底板经鉴定具有弱冲击倾向性;煤层上方赋存厚度为 16.61 m 的中细砂岩,为冲击地压防治关键层</td></tr>
<tr><td>3. 采深</td><td>十采区西部煤层埋藏最深,可达 599.2 m</td></tr>
<tr><td>4. 采掘技术因素</td><td>边角煤开采形成不规则工作面、临近采空区、老巷切割煤柱、相邻工作面开切眼、停采线</td></tr>
</table>

表2-2(续)

矿区	矿井	冲击地压类型	划分依据	
兖州矿区	鲍店煤矿	坚硬顶板型	1. 地质构造	井田为一个不完整倾伏向斜构造，其南翼被皇甫断层切割，北翼保留完整。井田范围内含煤地层倾角一般变化为2°～3°，落差较大的断层仍然多数分布于井田边界，而井田内部不甚发育
			2. 顶板情况	顶板经鉴定具有弱冲击倾向性；煤层上方100 m范围内赋存厚度为13.9～16.05 m的粗中砂岩，为冲击地压防治关键层，且在煤层上方110～200 m处赋存巨厚砂岩互层
			3. 采深	七采区西部及东北部煤层埋深为400～600 m
			4. 采掘技术因素	采区煤柱回收、边角煤开采形成不规则工作面、临近采空区、老巷切割煤柱
	东滩煤矿	坚硬顶板型	1. 地质构造	井田位于兖州向斜的核部和深部，地质构造属中等，以宽缓的褶皱为主，伴有一定数量的断裂构造。落差大于15 m的断层已经查明或基本查明，波幅大于20 m的褶曲已经得到控制或基本得到控制
			2. 顶板情况	顶板岩层经鉴定具有弱冲击倾向性，煤层上方100 m范围内赋存19.6 m的中细砂岩，为冲击地压防治关键层
			3. 采深	煤层开采深度为530～780 m
			4. 采掘技术因素	采区煤柱回收、边角煤开采形成不规则工作面、临近采空区、老巷切割煤柱
	济二煤矿	坚硬顶板型、煤柱型	1. 地质构造	矿井煤层开采受区域内发育的断层控制、煤层厚度变化等影响
			2. 顶板情况	顶板岩层经鉴定具有弱冲击倾向性；煤层上方100 m范围内赋存厚度为11.85 m、11.55 m、8.25 m的中细砂岩，为冲击地压防治关键层
			3. 采深	煤开采深度为400～855 m
			4. 采掘技术因素	局部区域存在断层影响、边角煤开采形成不规则工作面、过老巷、相邻工作面及$3_{上}$停采线
	济三煤矿	坚硬顶板型、煤柱型	1. 地质构造	井田的褶曲形态北部以宽缓褶皱为特点，往南逐渐转成北东向、向北西倾伏的单斜构造，构造中等，偏简单
			2. 顶板情况	顶板岩层经鉴定具有弱冲击倾向性；煤层上覆100 m范围内赋存厚度为10.23 m、11.56 m、6.15 m、5.92 m的中细砂岩，为冲击地压防治关键层
			3. 采深	$3_{下}$煤层埋深为535～850 m
			4. 采掘技术因素	临近采空区，巷道交叉及煤柱

表2-2(续)

矿区	矿井	冲击地压类型	划分依据	
巨野矿区	赵楼煤矿	构造应力型、深部高应力型	1. 地质构造	井田范围内发育多条大落差正断层群
			2. 顶板情况	顶板岩层经鉴定具有弱冲击倾向性;煤层上方 45 m 范围内赋存厚度大于 15 m 的粗细砂岩,为冲击地压防治关键层
			3. 采深	$3(3_{下})$煤层埋藏深度为 643～1 243 m
			4. 采掘技术因素	断层煤柱、相邻采空区、相邻工作面开切眼、停采线
	万福煤矿	深部高应力型	1. 地质构造	煤层埋深大、有落差大于 10 m 的断层、存在煤层分岔、局部火成岩侵入
			2. 顶板情况	顶板岩层经鉴定具有弱冲击倾向性;煤层上方存在巨厚砂岩顶板岩层
			3. 采深	煤层开采深度为 870～1 100 m
			4. 采掘技术因素	断层煤柱、相邻采空区、相邻工作面开切眼、停采线
鄂尔多斯矿区	石拉乌素煤矿	坚硬顶板型	1. 地质构造	井田范围内存在向北西倾斜的单斜构造,地质条件简单稳定,无大型地质构造(褶曲、断层)影响
			2. 顶板情况	顶板岩层经鉴定具有弱冲击倾向性;煤层上方赋存巨厚的砂岩层,其破断、滑移易诱发强烈矿震,甚至冲击地压灾害
			3. 采深	2-2 煤层埋藏深度为 589～729 m
			4. 采掘技术因素	相邻工作面留设煤柱大小、停采线位置、煤层分岔合并
	营盘壕煤矿	坚硬顶板型	1. 地质构造	井田地层总体为一走向北北东、倾向北西西、倾角 3°左右的单斜构造。未发现较大断层和明显的褶皱构造
			2. 顶板情况	顶板岩层经鉴定具有弱冲击倾向性;煤层上方 100 m 范围内赋存厚度为 10 m、32 m 的砂岩,为冲击地压防治关键层
			3. 采深	2-2 煤层开采深度为 694.60～788.45 m
			4. 采掘技术因素	局部区域存在孤岛工作面开采、矿井油气井保护煤柱影响形成不规则工作面、过相邻工作面停采线

由表 2-2 和图 2-2 可知:兖矿能源冲击地压矿井随着开采深度的增加,在采掘生产过程中揭露的复杂地质条件及坚硬顶板已成为诱发冲击危险的主导因素,是保障矿井安全高效生产的重点防范要素,是监测与冲击地压防治的关键。

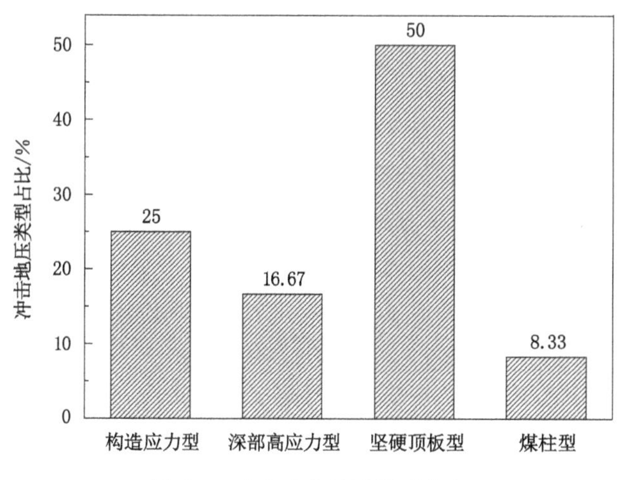

图 2-2 矿井冲击地压类型分布

2.2.3 冲击地压矿井面临的问题及解决对策

(1) 煤矿开采深度日益增加，冲击地压威胁逐渐加大。

随着开采深度的逐年增加，煤矿大多数进入深部开采，特别是兖州矿区、巨野矿区的多个矿井，开采深度已达千米，深部开采带来的“三高一扰动”问题日渐突出，冲击地压灾害威胁更严重。

在这种背景下，对深部冲击地压防治机理、技术及其管理的研究任务紧迫，煤矿企业应加强防冲工作，煤矿安全监管部门要充分发挥监督管理职能。

(2) 矿井开采年限长，不规则布局遗留煤柱，增大了煤矿防冲压力。

部分煤矿开采时边角煤遗留严重，残采区与煤柱是煤矿生产的安全隐患，局部高应力叠加型冲击地压等灾害威胁着煤矿的安全生产。

应合理规划开采，尽量少留或不留煤柱和边角煤，从开采布局规划环节预防冲击地压灾害。

(3) 煤炭经济形势严峻，煤矿效益下降，防冲工作不到位。

近年来，煤炭经济形势低迷，煤矿效益下滑；防冲投入增多，煤炭开采成本增加，部分煤矿为节省开支，在落实与更新防冲设备、防冲人员配备、井下防冲措施落实等方面还存在一定的差距。

“越是经济困难，越要保安全，不安全会更困难”，煤炭企业应增强对“安全-经济”辩证关系的认识，切实保证防冲各项工作的落实。

2.3 防冲技术管理的因素分析

2.3.1 防冲技术管理的难点识别

冲击地压已成为影响我国煤矿安全生产最为突出的灾害类型，兖矿能源冲击地压矿井大多数分布在山东、内蒙古等地，其中，位于山东的冲击地压矿井大多数已经进入深部开采，冲击地压煤矿数量较多，冲击地压防治工作形势严峻。近年来，国家有关部门相继出台了多个冲击地压防治与监管制度，规定了一整套规范的防治措施和流程，旨在规范和指导煤矿的冲击地压监测与防治工作，使冲击地压灾害整体可防可治。同时，经过我国各矿山企业、科研单位、设备厂家等多年的实践总结，冲击危险性评价、监测预警以及防治工作得到了广泛推广应用，形成了较为完备的冲击地压防治体系，同时我国冲击地压防治法律法规体系也基本形成。然而，在具体的防冲技术管理层面上仍存在一些问题：

(1) 各矿区的矿井地质条件、开采技术条件差异较大，广泛使用的综合指数法、多因素耦合分析法等冲击危险性预测方法，未能全面考虑冲击地压灾害的影响因素、多因素耦合和演化过程等。上述评价预测方法是地质、开采技术等因素融合的定性或半定量化评价方法，难以实现定量精准预测，冲击危险性评价方法适用性和评价报告规范性有待进一步提高。

(2) 我国冲击危险监测已实现“点-局部-区域”全方位覆盖，但是在探测精度和可靠性方面存在一些问题，监测数据一致性差，在数据分析过程中经常出现结论相互矛盾的情况，各矿井尤其是新建矿井冲击危险监测预警指标制定难度较大。冲击地压矿井常用的冲击地压监测预警装备包括应力实时在线监测系统和微震监测系统两类。微震监测虽然可实现平面大范围区域监测，但是受井下巷道布置限制，无法形成空间包围布置，存在“震源找不准、灾害控不住”难题；应力监测受孔径、安装技术等影响，导致应力在线探头敏感性和冲击地压预警效能不高。此外，常规的钻屑法取煤粉和称重过程不规范，存在误差，且在鄂尔多斯地区钻粉监测因含水率高存在检测失效问题。

(3) 部分矿井后期开采遗留煤柱区域防治难点包括工作面接续、不规则工作面、遗留煤柱等对采掘活动影响，局部治理难点包括断层、坚硬顶板、工作面形状不规则、面内老巷、上下层遗留煤柱对采掘活动影响。

(4) 各矿井地质条件和开采技术条件不一致，评价确定的冲击危险等级不同，不便于统一管理和制度制定，特别是冲击地压巷道支护标准、监测预警和开采强度指标需要分类制定。

(5) 兖州矿区(东滩煤矿)、鄂尔多斯矿区存在矿震风险,矿震能量释放传递规律及对井上下空间破坏作用机制认识、前兆信息识别及长时效干预减灾治理仍存在较大难度。

2.3.2 防冲技术管理的因素分析

随着开采深度的增加,冲击地压发生的频次也随着增加,尤其是近年来我国现代化建设的快速与持续发展,对能源需求量越来越大,浅部资源逐渐减少,煤炭开采逐步转向深部。与浅部岩体相比,深部岩体更突显具有漫长地质历史背景、充满建造和改造历史遗留痕迹,并具有现代地质环境特点的复杂地质力学材料,使得煤矿开采诱发的冲击地压等煤岩动力灾害更具突发性,表现出明显的非线性动力失稳特征,致使冲击地压等灾害的防治难度进一步增加。冲击地压事故发生的原因包括直接原因、间接原因和根本原因,三者之间的逻辑关系如图 2-3 所示。

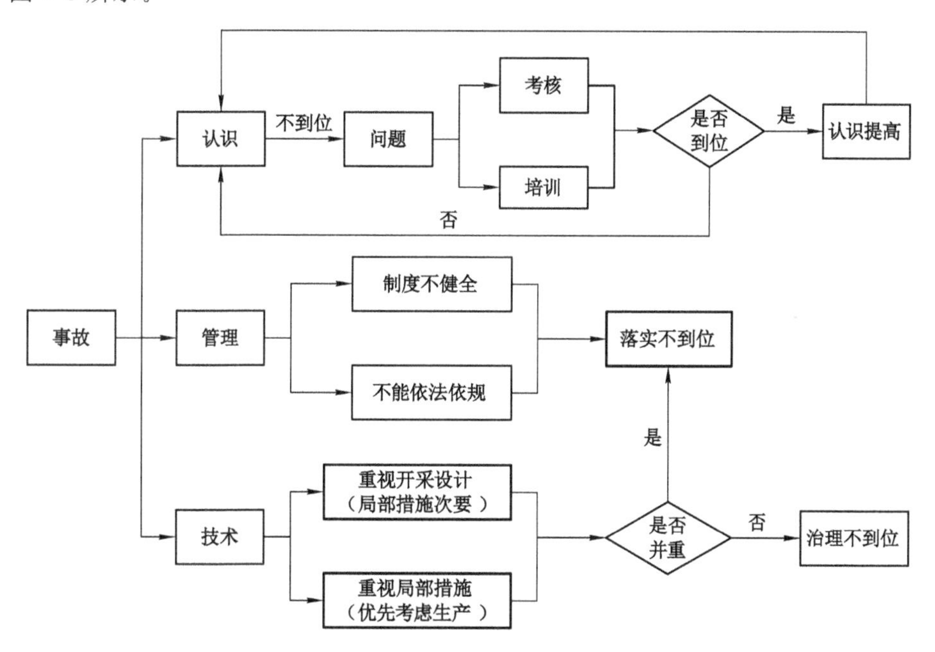

图 2-3 冲击地压发生的逻辑因素分析

(1) 安全管理意识

随着我国对煤矿安全管理的高度重视,相关法律法规颁布实施,煤矿安全管理水平得到极大提升,但仍有部分企业存在安全管理观念陈旧、意识淡薄等问题,如将更多的财力和精力投入煤矿生产与经济效益上,而在安全管理方面投入相对较少的财力和精力，使得冲击地压防治装备、人员培训及冲击预警分析工作等均难以满足矿井安全生产的需求。

(2) 安全管理机制

煤矿冲击地压的安全管理是一项具有复杂性、持续性、系统性的管理工作，需要在强有力的安全管理机制基础上，进行全局规划、系统分析、逐项落实执行。管理机制很难与现场管理情况实时同步，管理制度制定具有一定的滞后性，需要及时修正和更新。

(3) 安全管理技术

煤矿采掘生产的地质环境复杂、煤层顶底板应力、变形及其变形能演化规律复杂多样，开采扰动区域的煤岩体具有发生冲击地压的可能性，工作人员在掌握较强的采掘技术的同时，必须掌握相应的事故风险预测与自我防范能力。煤矿生产必须将安全放在首位，积极引入先进的生产技术和安全管理技术，全力确保煤矿生产安全进行，努力达到零事故目标。

(4) 现场安全隐患

由于煤层赋存地质条件特殊，地层结构复杂，采动应力与构造应力耦合诱发动力灾害的可能性随着开采深度和开采强度的增加而增大，冲击地压发生的可能性及其灾害程度也随之增加。因此，受构造、采动及远场载荷等影响，采动区围岩应力集中程度增加，为冲击灾害的发生提供了能量支持，若不及时排查和处理，将引发重大的安全隐患事故。

(5) 安全管理人才

煤矿行业属于艰苦行业，一方面限制了煤矿企业高技术人才的工作意愿；另一方面，由于煤矿企业存在一定的危险系数，稳定性和安全性远低于其他行业。最终导致煤矿企业实际人才储备不足，高技术人才匮乏，尤其是掌握专业技术且具有丰富经验的安全管理人才相对不足。

(6) 安全监督力度

目前，国家已高度重视煤矿安全生产，并制定颁布实施了相关的法律法规，相应的煤矿企业也制定发布了安全生产管理规章制度。但是，制定和颁布法律法规与规章制度并不代表安全管理就没有问题了，在实际落实执行过程中，由于过程监管强度及持续性不足，不同煤矿企业落实执行的自觉性也不尽相同。例如有的煤矿能够严格遵照执行，很好地保障了生产的安全高效开展。但是有部分企业为了追求更大的经济效益而忽视了最基本的安全问题，违规违章生产给煤矿生产埋下了安全隐患。

3　防冲技术管理问题改善

根据兖矿能源冲击地压防治技术管理现状，明确公司当前的技术管理模式的优缺点，通过强化现有模式存在的优势与增补改善劣势，完善防冲技术，从而达到综合提高防冲技术管理体系的目的。

3.1　技术管理体系改善要素

3.1.1　新技术的导入和引入

技术导入是指将先进的技术、设备、工艺、管理经验等引入企业或组织之中，以提高企业或组织的技术水平、生产效率、产品质量、管理水平等。技术导入可以通过技术合作、技术引进、技术转让、技术创新等方式进行，以满足企业或组织不同阶段的技术需求和发展目标。技术导入可以帮助企业或组织快速掌握先进的技术和管理经验，减少技术研发成本和时间，提高企业或组织的市场竞争力和核心竞争力，是企业或组织实现可持续发展的重要途径之一。

煤矿企业实现防冲新技术的导入和引入可以按照以下几个步骤开展：

第一，明确技术引进的方向和目标。煤矿企业需要在市场调研的基础上明确自身的技术需求和发展方向，确定技术引进的目标。例如，通过引入先进的智能化监测预警系统，可以对煤矿冲击地压进行监测和分析，实现对冲击地压的预警和监控，及时发现和处理冲击地压危险。

第二，选择合适的技术供应商。在确定技术引进方向和目标后，煤矿企业需要寻找符合自身需求的技术供应商。在选择供应商时，需要考虑技术的先进性、适用性、可行性、成本等因素，并进行充分的比较和评估，确保冲击地压防治在安全的前提下实现技术与成本的平衡。

第三，进行技术交流和协商。煤矿企业需要与技术供应商进行技术交流和协商，了解技术的具体内容、技术实施方案、技术的应用效果和服务支持等，并确保技术方案符合企业的实际情况和需求。

第四，进行技术试点和验证。煤矿企业需要在引进技术前进行技术试点和验证，以确保技术的可行性和实效性。在试点和验证过程中，需要充分考虑技术的适用性和实施难度，同时需要考虑技术的安全性和环境保护等因素。

第五，制订技术应用计划和管理方案。煤矿企业需要制定技术应用计划和管理方案，以确保技术的有效应用和管理。计划和方案需要结合企业实际情况和需求，明确技术的应用范围、应用标准、应用流程和管理要求，同时需要考虑技术应用的效果评估和改进。

第六，进行技术培训和推广。煤矿企业需要对技术引进后的从业人员进行培训和推广，以提高他们的技能水平和应用能力。在培训和推广过程中，需要重点强调技术的实际应用和管理要求，以确保技术有效应用和管理效果。

3.1.2 技术清查及评价

煤矿企业技术清查及评价是指对煤矿企业现有技术装备、技术人员、技术管理等方面进行全面、系统的审查和评估，并提出改进意见和建议，以提高企业的技术水平和核心竞争力。技术清查内容包括企业技术装备、技术人员、技术管理等方面的基本情况、技术状况、技术问题等。技术清查过程中要注重对企业内部技术资源和技术能力的综合评估，包括对企业技术创新能力、技术转化能力、技术应用能力等进行评估。

技术评价是指根据技术清查结果，对企业现有技术装备、技术人员、技术管理等进行综合评估，以判断企业技术水平和核心竞争力。技术评价内容包括对企业技术装备、技术人员、技术管理等方面的综合评估，包括技术水平、技术创新能力、技术应用能力、技术管理能力等。评价结果将为企业制定技术改进和提升的计划提供依据，为企业提供改进的方案和措施。

对于煤矿企业来说，技术清查及评价的目的是发现企业在技术方面存在的不足，为企业提供改进的方案和措施，提高企业的技术水平和核心竞争力。同时，技术清查及评价还能够帮助企业发现技术创新和技术引进的机会，为企业提供技术支持和技术转化的途径，促进企业技术创新和发展。

在防冲技术清查及评价过程中，应注重以下几点：

(1) 注重全面性。技术清查及评价应结合矿井的地质条件、采矿方法、采煤工艺等对防冲技术装备、技术人员、技术管理等进行全面、系统的审查和评估，以确保评价结果的准确性和可信度。

(2) 注重客观性。技术清查及评价应遵循客观、公正、科学的原则，不受任何人员和利益的影响，通过实地调研、数据分析和模拟试验等手段，评估技术对冲击地压的控制效果，包括冲击地压的减轻程度、支架稳定性等具体指标，以确保评价结果的真实性和可信度。

(3) 注重实用性。技术清查及评价结果应具有可操作性、实用性和经济性，为矿井提供可行的冲击地压防治优化方案和措施，在确保技术可行的前提下降低投资成本、运行成本，综合评估技术的经济可行性。

(4) 可持续性。评估技术在长期运行中的可持续性。考虑技术的适用性、可操作性、维护保养等因素，确保技术在煤矿生产中能够长期有效地应用和维持。

总之，煤矿企业技术清查及评价是提高企业技术水平和核心竞争力的重要途径之一，在防冲技术清查及评价中要做到多角度、全方位、客观真实地反映矿井防冲技术的应用现状和效果。

3.1.3 技术吸收

煤矿企业技术吸收是指通过引进、学习、采纳、创新等手段，将先进的技术、工艺、装备、管理经验等应用到企业实践中，以提高企业的技术水平和核心竞争力。技术吸收是企业实现可持续发展的重要途径之一，对于煤矿企业来说，尤其是防冲技术这一类具有行业专属性的技术，其技术革新的驱动力来源于矿山行业本身，技术吸收具有重要意义。

首先，防冲技术吸收可以提高企业的技术水平。通过引进、学习和采纳先进的防冲技术和管理经验，企业可以学习到最新的技术和管理理念，不断提高自身的技术水平和管理水平，增强企业的核心竞争力。

其次，防冲技术吸收可以提高企业的生产效率。先进的防冲技术和装备可以提高企业的生产效率和质量，降低生产成本，提高企业的盈利能力。

最后，防冲技术吸收可以为矿井创造发展空间。尤其是随着矿井资源的枯竭和可采资源的萎缩，向更大采深要资源是公司下属矿井面临的挑战，而冲击地压的防治是首要挑战，直接影响矿井可采储量和服务年限。

在技术吸收与实践过程中，兖矿能源防冲专业充分关注以下几个方面：

(1) 注重防冲技术选择。兖矿能源根据自身的技术需求和发展方向，选择适合自己的防冲技术和装备，以确保防冲技术吸收的有效性和实用性。

(2) 注重防冲人才的引进和培养。兖矿能源注重引进和培养具有高水平技术和管理经验的人才，通过“请进来”和“走出去”相结合的方式，与高等院校和科研机构合作，增强企业的技术创新和管理能力。

(3) 注重防冲技术转化和应用。兖矿能源注重将吸收的先进技术转化为自己的核心技术，并将其匹配应用到各矿防冲实践中，显著提高了企业的防冲作业效率与效果。

总之，煤矿企业技术吸收是企业实现可持续发展的重要途径之一，企业应注重防冲技术吸收与实践的实施，一方面关系着采掘作业的正常进行，另一方面是矿井开采深部资源的重要保障。

3.1.4 应用技术实践

技术知识资源转为企业技术后，进入最重要的环节，进行技术实践，将新技术应用到实际产品或者工程实践中。对于生产制造行业来说，应用技术的实践通过两个渠道实施，一个是从产品设计上进行技术实践，一个是通过产品工艺流程进行技术实践。

对于煤矿企业来说，技术的应用实践可以帮助企业提高生产效率、降低成本、提升质量、提高竞争力，从而实现可持续发展。煤矿企业技术应用实践的重要性主要体现在以下三个方面：

首先，技术应用实践可以提高生产效率。随着科技的不断发展，新技术、新工艺、新装备不断涌现，可以帮助企业提高生产效率，减少人力、物力、财力的浪费。例如，采用先进的矿井通风系统，可以提高通风效率，降低能耗；采用高效的采掘设备，以提高采煤效率，减少采煤成本。这些都是技术应用实践的体现。

其次，技术应用实践可以提升产品质量。煤矿企业的产品不仅包括最终产品，还包括各类工程及配套设施设备的质量，直接关系安全生产。通过技术应用实践，可以不断改进生产工艺，提高工程和产品质量，提高生产效率。例如，采用先进的筛分设备，可以提高煤炭筛分的精度和效率，减少煤炭损失，提高产品质量；掘锚一体机技术的应用大幅度提高了掘进效率和安全水平。

最后，技术应用实践可以增强企业的核心竞争力。在市场竞争日益激烈的情况下，企业必须具备一定的核心竞争力才能在市场上立于不败之地。技术应用实践可以帮助企业创新，不断研发出更先进的产品和工艺，提高企业的核心竞争力。例如，采用数字化采煤技术，可以提高采煤效率和安全性，降低采煤成本，提高企业的市场竞争力。

总之，煤矿企业技术应用实践是企业实现可持续发展的重要保障。防冲技术实践要在积极吸收新技术、新工艺、新装备的基础上，提高生产效率、产品质量和核心竞争力，从而实现可持续发展。

3.1.5 技术升级与推广

煤矿企业技术升级与推广是指企业通过引进、研发、改进和推广等方式，不断提高技术水平和装备水平，促进企业可持续发展的过程。技术水平的不断提高可以提高安全生产水平，带来更高的生产效率和更强的市场竞争力，因此煤矿企业技术升级与推广具有重要的意义。

首先，技术升级与推广可以提升企业的安全水平。随着安全质量要求的提高，煤矿企业必须提高安全生产水平才能适应需求。技术升级可以引进更先进的生产装备、技术工艺，提高安全生产水平，保障员工和企业的生命财产安全。

其次，技术升级与推广可以提高企业的生产效率。通过技术升级，企业可以引进更先进的设备和工艺，提高生产效率和生产质量，降低生产成本，提高企业盈利能力。例如，采用数字化矿山智能化技术，可以提高煤矿生产效率和安全性，降低采煤成本。

最后，技术升级与推广可以增强企业的市场竞争力。在市场竞争激烈的情况下，企业必须具备一定的市场竞争力才能立于不败之地。技术升级可以帮助企业创新，开拓新市场，推广新产品，增强企业的市场竞争力。例如，采用新型的煤炭加工技术，可以提高煤炭利用率和产品附加值，提高企业的市场竞争力。

总之，煤矿企业技术升级与推广具有重要的意义，可以提高企业的生产效率、产品质量和市场竞争力，促进企业可持续发展。对防冲技术的升级和推广应以保护人员和设备安全为前提，以提高施工效率、减少资源浪费为目的，在矿井防冲实践中谨慎稳妥地开展。

3.2 公司技术管理问题处理方式

3.2.1 技术管理过程控制

技术管理过程控制是指对技术管理过程中的各项活动、资源和信息进行有效控制和监督，以确保技术管理活动能够顺利、高效地实施，达到预期的目标。技术管理过程控制对于企业来说非常重要。防冲技术管理过程控制质量直接关系安全与效率，执行过程具有特殊专业性，因此需强化过程控制。

首先，技术管理过程控制可以保证技术管理活动的质量。技术管理活动需要按照预定的流程和标准进行，确保实施的每一个环节都符合规范，以获得高质量的成果。技术管理过程控制可以有效地监督和管理技术管理过程中的各项活动，及时发现和解决问题，确保技术管理活动质量稳定和持续提高。

其次，技术管理过程控制可以提高技术管理效率。技术管理活动通常会涉及大量的资源和信息，如果不进行有效地控制和管理，将会浪费大量的时间和成本。技术管理过程控制可以帮助企业规范技术管理过程，优化资源配置，提高技术管理效率，降低企业的管理成本和风险。

最后，技术管理过程控制可以实现技术管理目标。技术管理的最终目的是实现企业的技术创新和发展。在技术管理过程中，必须有明确的目标和计划，并且要按照计划实施，这样才能够获得预期的效果。技术管理过程控制可以确保技术管理活动的目标和计划与企业的战略目标保持一致，通过有效的控制和监督，实现技术管理目标的有效实施。

综上所述，技术管理过程控制是保证技术管理活动高质量、高效率、高目标实现的重要手段。企业在技术管理过程中应该加强对过程的控制和管理，确保技术管理活动按照计划和标准进行，以达到预期的目标。

3.2.2 标准平台交互模式

标准平台交互模式是指在信息技术领域，通过使用标准化的技术和协议，实现不同平台之间的数据交换和信息共享，以达到更加高效、安全和可靠的目的。标准平台交互模式在信息化时代具有重要意义，具体表现在以下三个方面。

(1) 实现数据互通。在信息化时代，企业间的业务不再是相互独立的，而是相互联系的。因此，数据互通成为信息化重要问题。使用标准平台交互模式，可以在不同的平台之间实现数据的互通和共享，使得企业的业务流程更加高效和流畅。

(2) 提高信息安全。信息安全是企业信息化建设的重要保障，而标准平台交互模式可以降低数据交换过程中的信息安全风险。通过使用标准化的技术和协议，可以对数据进行加密、验证和授权等操作，确保数据的安全性和完整性，避免数据被篡改或泄露。

(3) 促进协同合作。企业间的信息共享和协同合作是提高企业竞争力和创新能力的重要手段。标准平台交互模式可以打破信息孤岛，促进企业之间的合作和协作。通过标准化的数据交换和信息共享，企业可以更加高效地协同完成任务，提高创新能力和竞争力。综上所述，标准平台交互模式在信息化时代具有重要的意义。企业应该积极采用标准平台交互模式，加强不同平台之间的数据交换和信息共享，提高信息安全和协同合作能力，从而有效推进企业的信息化建设和可持续发展。

通过标准技术平台模式，规范各个平台之间的联系，确定各个平台之间的互动基础，促进技术管理各个过程的自我增值，自我成长。运用平台作为载体和驱动，进行积累技术知识，引导技术改善和创新，制定企业技术战略、技术路线图以及公司长期的技术目标等相关重要信息。在冲击地压防治中，监测监控是极为重要的手段，构建跨平台的实时监测、数据互通、深度挖掘的冲击地压大数据管理平台就是交互平台的重要途径之一。

3.2.3　技术信息流规划控制

技术信息流规划控制是指对技术信息流进行规划和控制，以确保技术信息流的高效、稳定和可持续发展。技术信息流的规划和控制对于企业来说非常重要。

首先，科学规划技术信息流。企业需要根据自身的战略目标和业务需求制定科学的技术信息流规划。规划包括确定技术信息流的目标、范围和内容，设计技术信息流的流程和系统架构，制定技术信息流的标准和规范，以及确定技术信息流的管理和维护机制。科学规划技术信息流可以使企业的技术信息流更加高效、稳定和可持续发展。

其次，有效控制技术信息流。技术信息流的控制包括对技术信息流各环节的监控和管理，以及技术信息流的优化和改进。通过有效的技术信息流控制，企业可以及时发现和处理技术信息流中出现的问题，保证技术信息的质量、准确性和及时性，提高技术信息流的效率和效益。

最后，实现技术信息流的可持续发展。技术信息流的可持续发展需要企业不断地进行技术创新和改进，保持技术信息流的领先地位。企业可以通过引入新的技术和优化现有的技术，提高技术信息流的质量和效率，从而不断提升企业的竞争力和发展潜力。同时，企业还需要加强对技术信息流的管理和维护，确保技术信息流的稳定和可靠性，实现技术信息流的可持续发展。

总之，技术信息流规划控制是企业技术管理的重要内容。企业应该加强对技术信息流的规划和控制，科学规划技术信息流，有效控制技术信息流，实现技术信息流的可持续发展，从而提高企业的创新能力和竞争力，实现可持续发展。具体到防冲技术信息流的规划控制，兖矿能源已经构建了以防冲中心为主，辐射下属矿井的技术信息体系，实现了技术信息流的畅通。

3.3　公司防冲技术管理模式

针对矿井生产过程中潜在的冲击危险区域的防治策略，现场管理既要治标，又要治本，即标本兼治，需要及时发现并解决问题，堵塞管理漏洞，从根源上避免问题的出现，系统总结分析冲击地压发生机理、冲击地压防控技术及其现场管理方法，构建一套切实有效的“3456”防冲现场管理模式，其关键环节包括监测监控、风险分析、源头防控、管理体系、应急管理及现场落实等，现场管理模式架构及其关键环节如图 3-1 和图 3-2 所示。

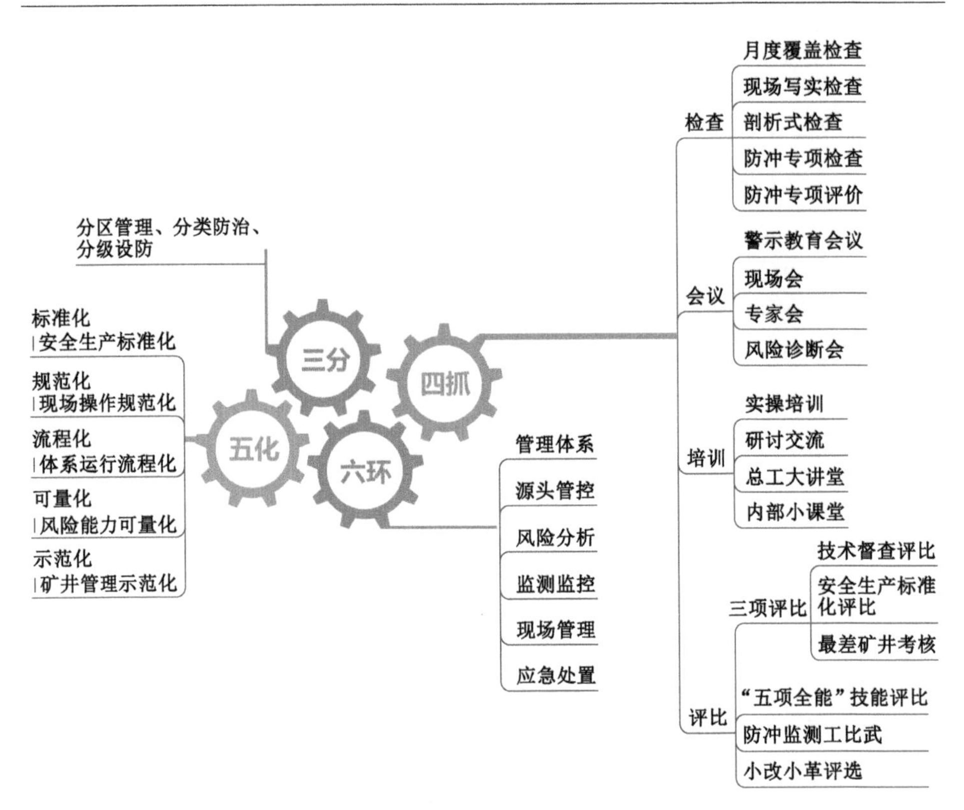

图 3-1 “3456”管理模式系统架构

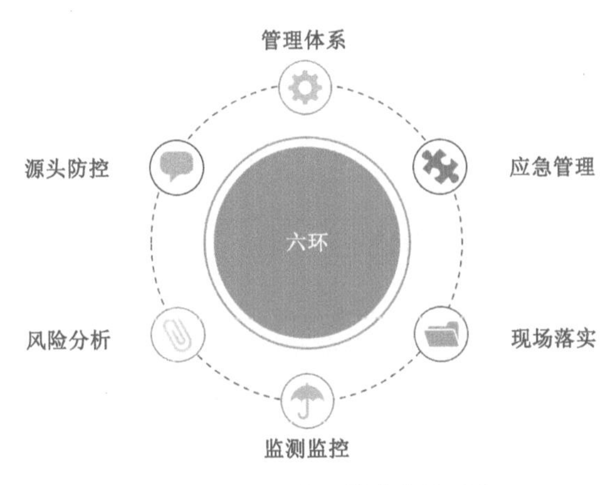

图 3-2 “3456”管理模式关键环节

4 防冲技术管理体系建设

基于构建的防冲技术管理体系，确定技术管理系统建设内容及其相互关系，阐述防冲管理机制、技术资料管理体系、防冲培训与人才育成体系、全面监督管理体系等方面主要内容，可为其他矿井防冲技术管理体系建设提供参考依据。

4.1 技术管理体系建设内容及相互关系

4.1.1 技术管理体系规划建设内容

随着我国煤炭工业的不断发展，煤矿防冲工作的重要性越来越凸显。技术体系是冲击地压防治的技术支撑，管理体系则是防冲技术方案有效落实的制度保障。兖矿能源构建了防冲技术管理体系，包括制度体系、工程保障体系以及监督考核体系。

(1) 制度体系

① 冲击地压防治安全技术管理制度；

② 岗位安全责任和培训制度；

③ 冲击地压危险性综合技术分析制度；

④ 冲击地压事件分析报告制度；

⑤ 冲击地压危险性监测装备安装管理维护制度；

⑥ 冲击地压危险实时预警、处置及结果反馈制度；

⑦ 法律、法规、规章规定的其他制度。

(2) 工程保障体系

① 队伍建设；

② 素质培训；

③ 安全投入；

④ 装备、工程验收。

(3) 监督考核体系

① 检查方式；

② 工程追溯；

③ 考核方法。

4.1.2 技术管理体系建设内容相互关系

防冲技术管理体系包含一套完整的技术管理制度和组织结构，各内容相互关联、相互促进、相互支撑，可以有效地将企业的技术资源整合起来，提高防冲效果与能力，保障煤矿生产安全和高效生产。其中，防冲制度体系明确了制度建立、落实执行和监督考核的各级责任，并制定了相应的施工技术标准；工程保障体系确保了防冲技术管理人员及从业人员技能水平、装备投入等，从而实现高标准完成防冲作业；监督考核体系则制定了防冲制度、方案、设计落实的监督检查措施。

4.2 防冲管理机制

4.2.1 防冲管理制度

兖矿能源为加强煤矿冲击地压防治工作，健全冲击地压防治体系，规范防冲工作流程，有效预防冲击地压事故，保障煤矿职工生命和财产安全，根据《煤矿安全规程》《防治煤矿冲击地压细则》《山东省煤矿冲击地压防治办法》等上级有关规定要求，结合公司实际情况，兖矿能源修订了《安全生产监督检查办法》（兖矿股发〔2022〕7 号）和《防治煤矿冲击地压管理规定》（兖矿股发〔2022〕146 号）等相关制度：

（1）冲击地压防治坚持“区域先行、局部跟进、分区管理、分类防治”的原则，树立“能量超限就是事故”的防控理念，遵循“布局合理，生产有序，支护可靠，监控有效，卸压到位”防治方针，实现零冲击目标。

（2）冲击地压矿井兼有矿震、水害、自然发火、瓦斯、煤尘等灾害的，坚持综合分析、协同治灾的原则。

（3）下属单位按照冲击地压防治要求，综合考虑现场条件、采掘接续和采掘推进速度等因素，合理确定各项考核指标，不得下达导致冲击地压矿井采掘接续紧张或者超出其冲击地压防治能力的产量、进尺和经营考核指标。

同时，废止了《兖州煤业股份有限公司关于进一步加强冲击地压煤层开采管理的通知》（兖煤股字〔2017〕68 号）、《兖州煤业股份有限公司关于印发〈防治煤矿冲击地压管理规定〉的通知》（兖煤股发〔2020〕4 号）、《兖州煤业股份有限公司关于印发〈防治煤矿冲击地压补充管理规定〉的通知》（兖煤股发〔2020〕50 号）、《兖州煤业股份有限公司关于强化防冲监测系统及监测数据管理的通知》（兖煤股字〔2020〕311 号）、《关于印发〈防治冲击地压补充管理规定〉的通知》（兖煤股发〔2021〕19 号）、《兖州煤业股份有限公司关于微震能量超限及应力预警考核的通知》（兖煤股字〔2021〕270 号）共计 6 项管理规定。

4.2.2 防冲机构设置及岗位职责

根据《防治煤矿冲击地压管理规定》（兖矿股发〔2022〕146 号）文件规定，公司成立冲击地压防治领导小组，总经理任组长，生产副总经理、总工程师任副组长，有关部门负责人为成员，配备防冲副总工程师；公司设立防冲办公室，配备专职防冲管理技术人员；兖矿能源（鄂尔多斯）有限公司配备专职防冲技术管理人员；冲击地压矿井明确分管防治措施现场落实负责人，配备专职防冲副总工程师，设置独立的冲击地压防治部门，建立专职或专业施工队伍。兖矿能源矿井管理体系架构如图 4-1 所示，其中技术管理、现场落实及监督考核的成员及主要职责如图 4-2 所示。

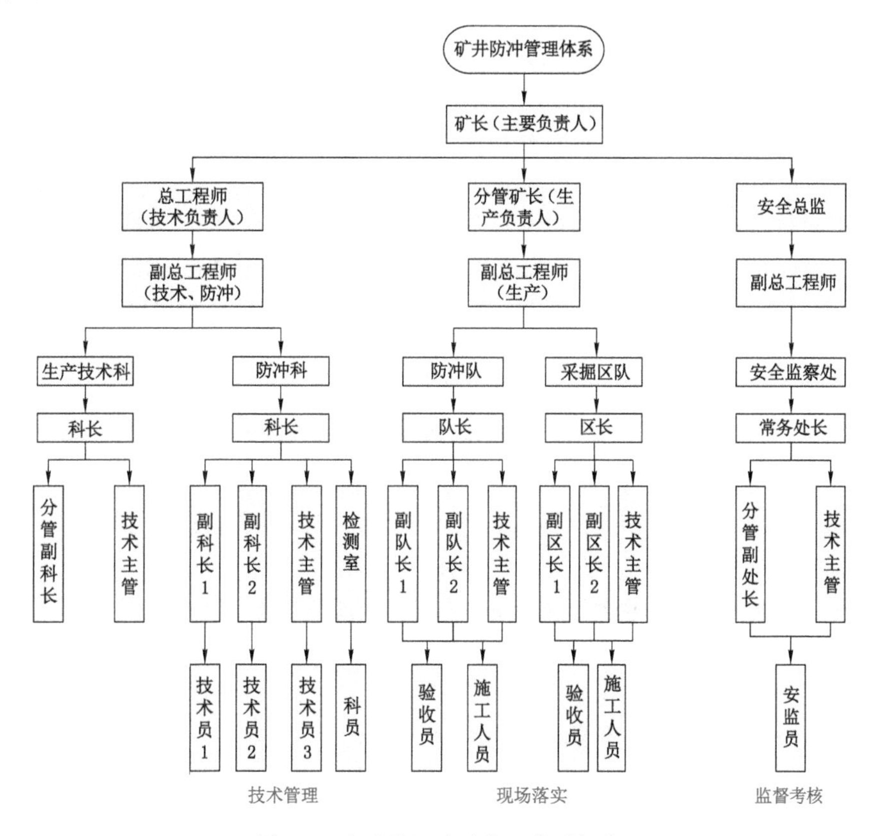

图 4-1 兖矿能源防冲管理体系架构

- **技术管理**
  - 成员：总工程师、防冲副总工程师、技术副总工程师、生产技术科、防冲科
  - 职责：负责冲击地压防治方案设计、技术管理，负有技术指导与服务、现场监督、考核责任
- **现场落实**
  - 成员：分管矿长、生产专业副总工程师、防冲队、采掘区队
  - 职责：负责防冲设计、技术方案现场落实，负有措施落实、监督检查责任
- **监督考核**
  - 成员：安监总监、安全监察处
  - 职责：负责防冲制度、方案、设计落实的监督检查，负有监督检查、考核责任

图 4-2　防冲体系组织机构及其职责

4.3　技术资料管理体系

冲击地压发生机理复杂、技术个性化强、涉及面广，规范技术管理成为做好防冲工作的根本前提。兖矿能源构建了涵盖技术标准、流程、研发的技术保障体系，实现统一领导、统一指挥、统一协调。

(1) 聚力效能提升，规范技术管控流程

健全技术资料管理流程，建设安全生产技术管理平台，实现防冲资料全公司共享。健全技术报告编制流程，规范开采设计、安全性论证、冲击危险性评价、防冲设计四个技术文件编制流程；筛选专业化防冲技术服务团队，纳入“白名单”开展技术服务。健全数据分析应用流程，单系统单点监测预警由矿井组织分析，多系统或单系统多点预警或微震事件能量达到超限能量 80%以上的，由兖矿能源组织分析。健全监测预警处置流程，在国内率先建成冲击地压综合管控平台，实时抓取防冲监测数据，动态管控生产数据；兖矿能源定期组织校核、完善监测预警指标；发生冲击地压预警，严格坚持停产、撤人、解危卸压、效果检验预警处置流程。

(2) 抓实重点审查，严把报告方案关口

聚焦技术报告、方案质量对防冲治理效果的影响，强化防冲技术报告方案审查管理，建立技术报告方案分级审查、兖矿能源专职批复制度。强化重点冲击地压矿井开拓方案审查，确保采掘部署、开采设计符合源头防冲要求。

(3) 坚持规范先行，构建防冲技术标准

全面落实国家及地方防冲规章制度，制定兖矿能源冲击地压防治管理规定、技术规范和岗位操作规程，形成两个“123”防冲技术标准。在技术研究改进上实行“一报表、两分析、三总结”，即防冲日报表，大能量微震事件分析、应力异常分

析，防冲月度规律总结、工作面专项总结、新技术应用总结；在技术落地实施上建立"一规程、两图纸、三措施"，即采掘工作面作业规程中的防冲专门章节，防冲措施落实效果图、采掘工作面动态管理图，防冲综合措施、防冲专项措施、防冲施工措施。两套标准的建立，为防冲技术不断优化、规范实施提供了重要依据。

4.3.1　防冲技术资料审查流程管理

兖矿能源建立矿井、二级公司、专家组、能源集团四级审查制度以保障防冲技术报告编审质量，具体审查流程如图 4-3 所示。

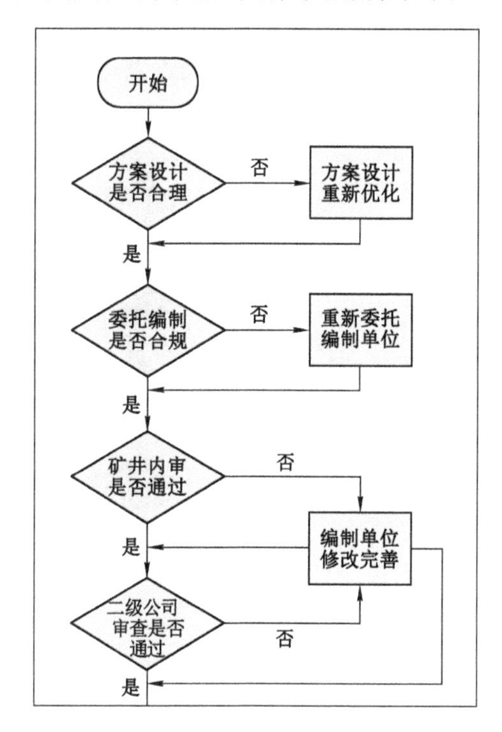

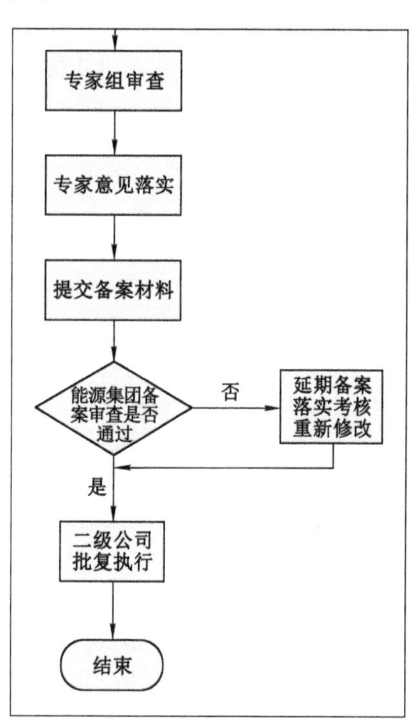

图 4-3　防冲设计评审流程

技术资料编制、审查、批复流程遵循如下要求：

(1) 技术文件包括安全论证、冲击危险性评价、防冲设计(专项措施)、作业规程等。

(2) 技术文件编制遵从小从大，下遵上，可严不可松原则，做到局部与整体、下级与上级结论的一致性，把握好共性与个性、普遍与特殊关系，做好衔接。

(3) 矿井、采区、工作面防冲设计及作业规程、防冲专项措施审查一律集中会审，不得采取传阅方式审查。

(4) 批复文件应对技术文件关键内容、主要结论、专家意见批复确认,结合实际形成可操作的实施意见。

(5) 严格按照会审、批复应签字、存档、备案等要求执行。

4.3.2 防冲报表与信息公开

冲击地压矿井建立 24 h 值班制度,值班人员需经过系统培训,熟悉值班工作流程和预警处置流程;负责防冲监测系统监管,监测数据收集、整理、汇总,信息发布,值班记录填写等工作,动态掌握矿井采掘生产、防冲工程、解危卸压、系统故障处理等信息。同时,综合日报表由防冲科长、防冲副总、总工程师、主要负责人审核签字,其他人员不得代签。兖矿能源采用科学的直报制度及垂直管理与信息公开的方式进行防冲报表上报,具体上报流程如图 4-4 所示。

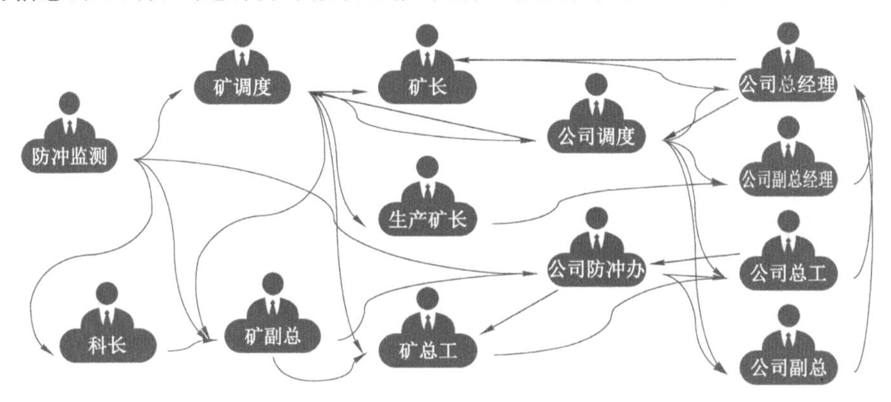

图 4-4 防冲报表上报流程

兖矿能源制定防冲报表管理制度如下:

(1) 煤矿配备监测数据分析师不少于 2 人,其中专职或高级分析师不少于 1 人,负责分析监测数据,研判冲击风险,编制分析报告。

(2) 冲击地压矿井不同监测方法的预警指标由防冲副总工程师组织提炼,经矿总工程师审查,报上级公司批准后实施。预警指标与现场明显不符时及时调整报批。

(3) 作业规程中防冲部分及防冲措施编制内容齐全、规范,图文清楚,审批规范,贯彻、考核记录齐全。

(4) 现场监测记录齐全、真实。冲击地压监测报表格式规范,内容翔实。有冲击危险的工作面结束后 30 d 内应完成防冲工作总结报告,工作总结齐全、规范,并及时上报。

(5) 按照冲击地压事件分析制度,要及时、准确、完整报告相关单位或人员,任何部门和个人不得对事件迟报、漏报、谎报或者瞒报。

(6) 冲击地压事件要逐一认真分析，弄清楚发生原因，判断发展趋势、安全状况和是否需要进行现场处置。要建立冲击地压事件分析档案，妥善保存相关的分析资料。

4.3.3　防冲工程档案管理

根据矿井现场防冲工程实践，对管理中所涉及的预警处置、防冲工程等资料，以建档管理的方式进行管理，从而可提高管理效率。

(1) 预警档案管理

矿井监测预警主要包括微震监测预警、应力在线监测预警、钻屑法监测预警三个部分，预警管理按照“一警一档”“一面一档”的方式进行管理，其中微震、应力在线预警由防冲监控室值班人员发起，钻屑法监测预警由防冲队现场发起。监测预警后，防冲科对预警事件进行编号。防冲科按照处置进度发放“预警告知单、解危通知单、钻屑检验施工通知单、预警解除告知单。预警档案管理流程如图 4-5 所示。

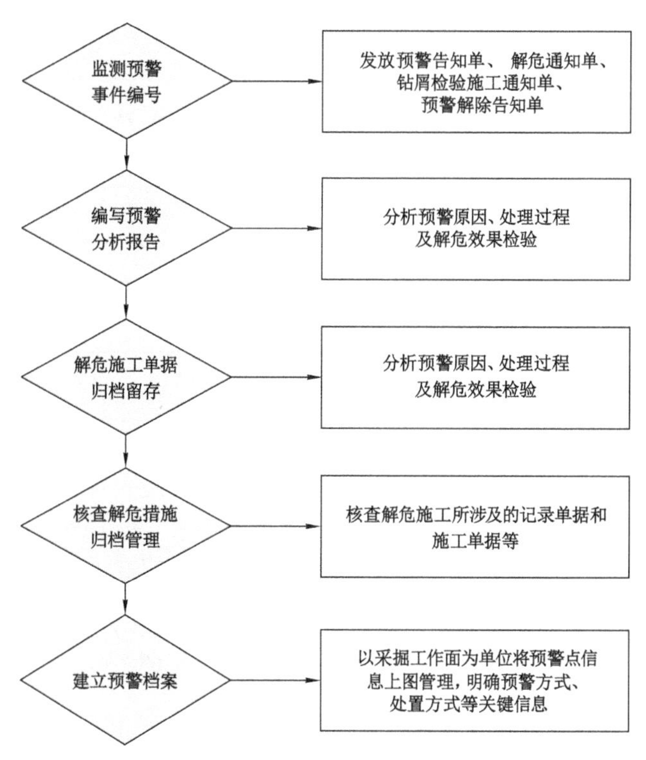

图 4-5　预警档案管理流程

(2) 防冲工程管理

矿井防冲工程主要涉及煤体卸压孔和煤体爆破孔。防冲工程原始记录单等由施工单位建档管理,防冲科对防冲工程建立电子档案,煤体卸压档案管理流程及煤体爆破卸压管理流程分别如图 4-6 和图 4-7 所示。图 4-8 为煤体钻孔卸压档案管理过程。

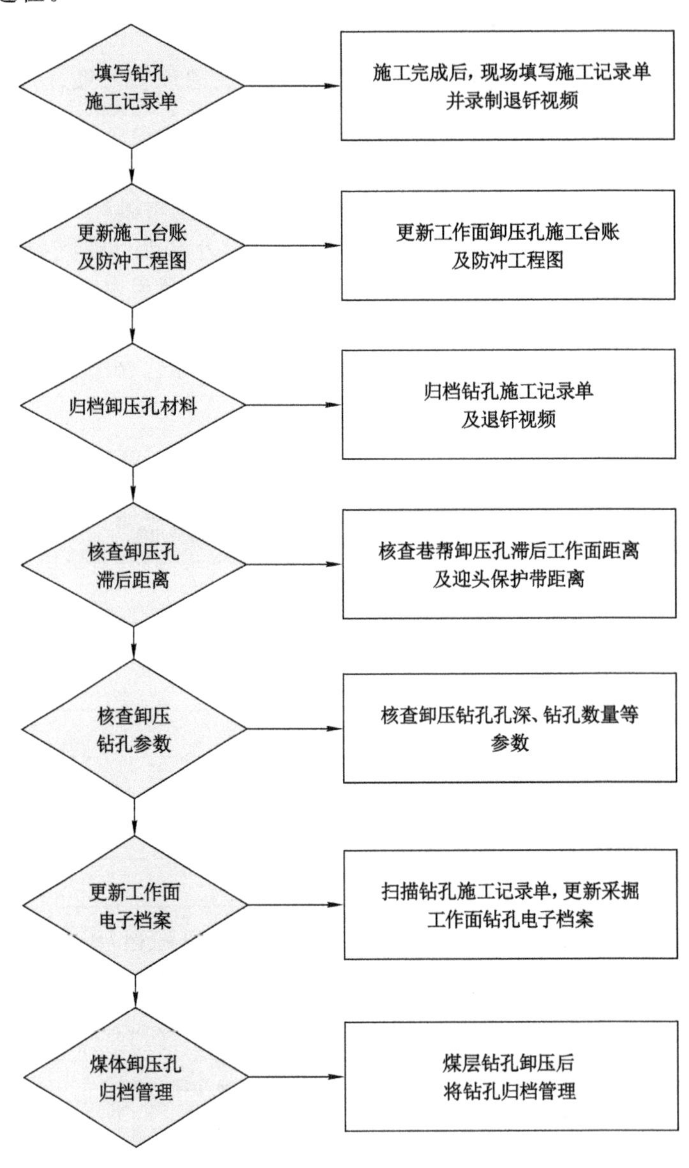

图 4-6　煤体卸压孔归档管理流程

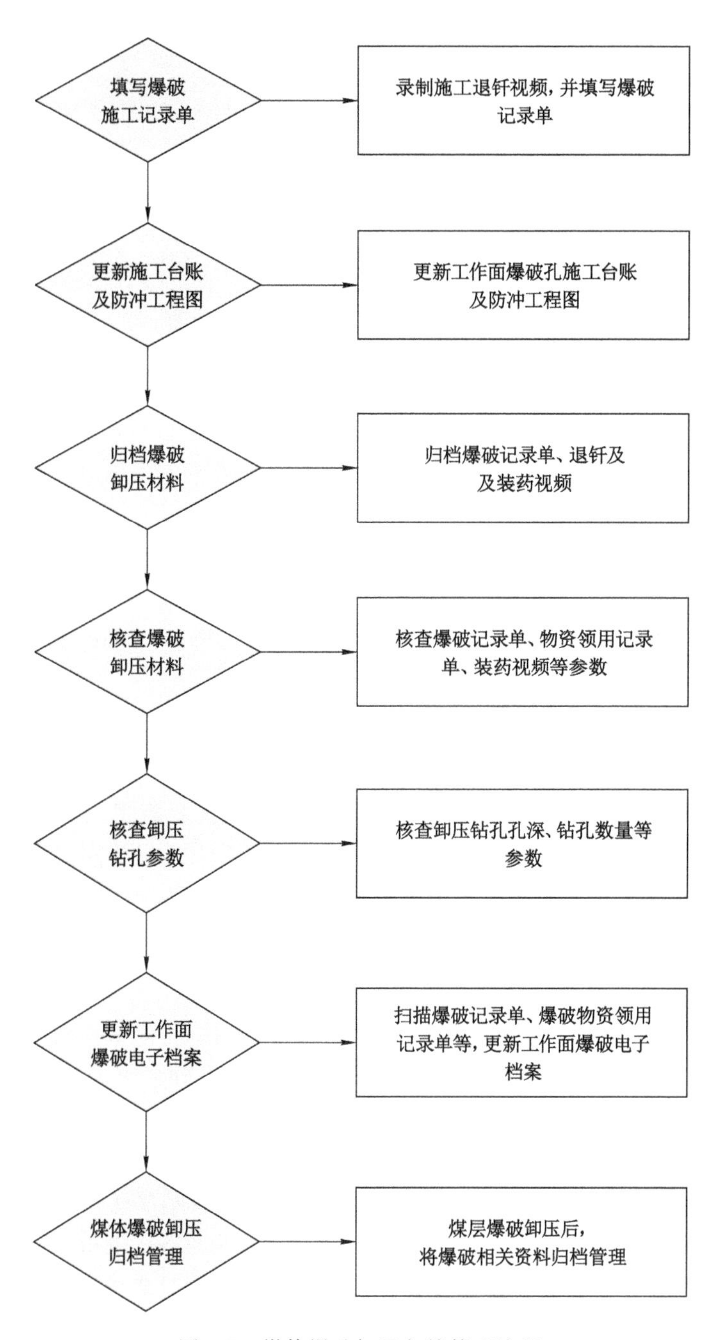

图 4-7　煤体爆破卸压归档管理流程

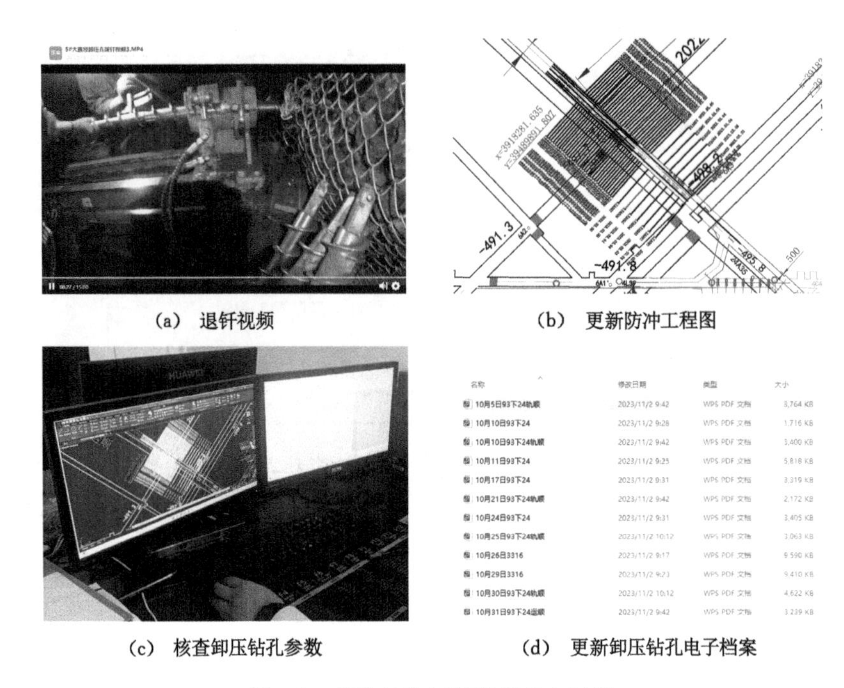

(a) 退钎视频　　(b) 更新防冲工程图

(c) 核查卸压钻孔参数　　(d) 更新卸压钻孔电子档案

图 4-8　煤体钻孔卸压档案建立过程

(3) 监测工程管理

矿井监测工程主要包括钻屑孔施工和应力在线安装施工，且均由防冲队施工，钻孔监测档案管理流程及应力在线监测档案管理流程分别如图 4-9 和图 4-10 所示。图 4-11 为钻孔监测档案管理过程。

4.4　防冲培训与人才育成体系

为进一步提升各级管理人员的冲击地压防治业务技能及管理水平，加强防冲专业管理，提高从业人员的防冲意识，分三个层次开展全员防冲知识普及培训工作(管理人员、专业人员和从业人员培训)，设立全员基本防冲知识普及、管理人员熟知、防冲专职人员掌握的培训目标。防冲培训包括总工大讲堂、内部小课堂、实操培训、季度抽考、三项评比、小改小革等，大讲堂内容丰富、系统、新颖；小讲堂内容简短、深入、精炼。同时，依托冲击地压实操培训基地组织培训，切实提高矿井干部和职工的操作能力。

兖矿能源各冲击地压矿井成立以矿长、书记为组长，分管矿领导、总工程师为副组长，副总及各单位主要负责人为成员的防冲培训领导小组，办公室设在安

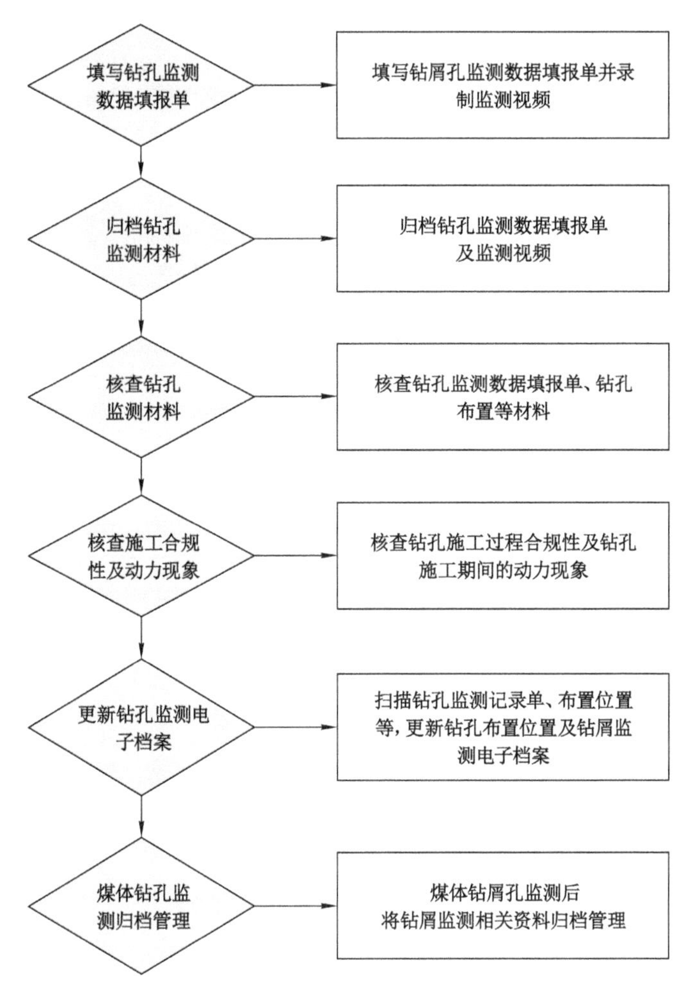

图 4-9　钻孔监测归档管理流程

全监察处(教培)，安全监察处(教培)和防冲科负责日常管理工作。领导小组负责对防冲培训工作开展情况监督考核。

4.4.1　课程设置与考核

(1) 课程设置

包括冲击地压防治法律法规、规章制度；冲击地压发生的原因、条件、前兆；冲击地压灾害的主要危害形式、防治措施；矿井冲击地压发生的一般规律、威胁程度；解危施工安全措施、冲击危险性监测(检测)方法、应急处置等。

(2) 课程考核

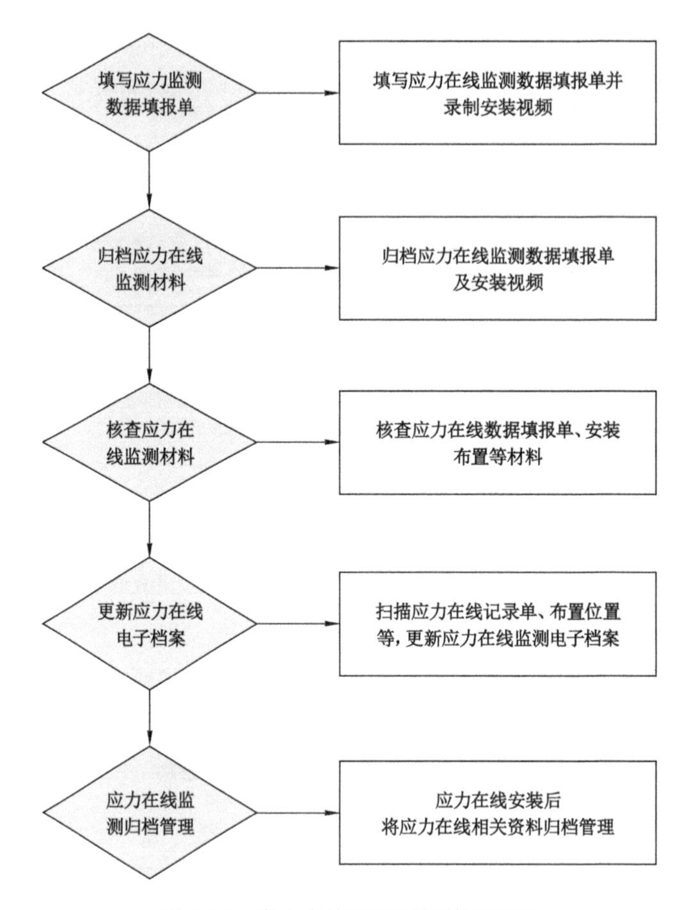

图 4-10　应力在线监测归档管理流程

① 防冲监控室专职值班人员、防冲监测系统安装维护人员、煤粉检测钻孔施工人员、解危施工人员，按照特种作业人员管理，统一参加公司组织的脱产培训，其冲击地压防治知识和技能培训每年不少于 24 学时。

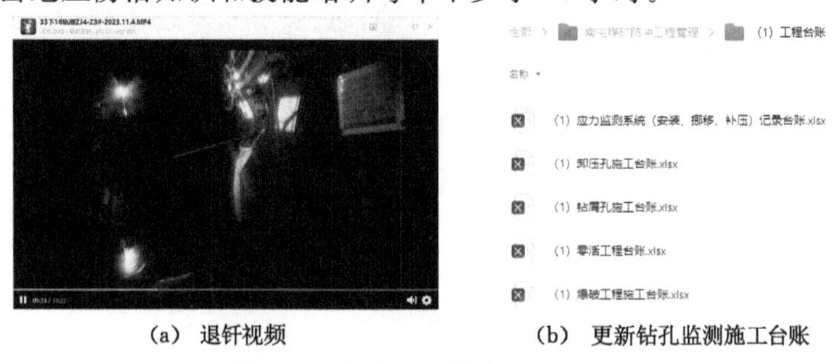

(a) 退钎视频　　(b) 更新钻孔监测施工台账

图 4-11　钻孔监测档案建立过程

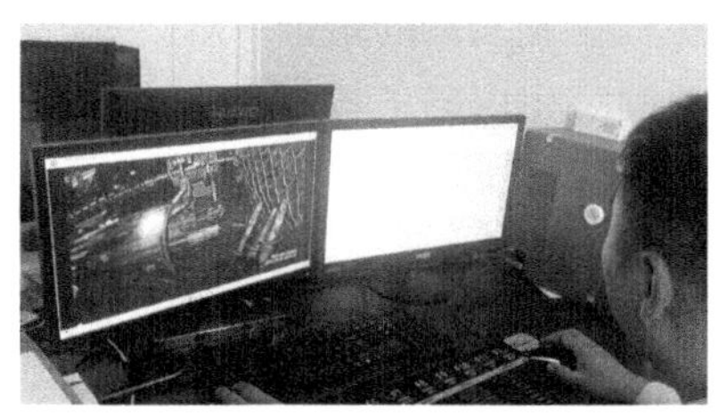

(c) 核查监测钻孔参数及动力现象

(d) 归档并建立电子档案

图 4-11 (续)

② 其他进入冲击危险区域作业的人员,每年接受冲击地压防治知识培训时间不少于 12 学时。

③ 管理人员培训考核奖惩办法:无故未按时参加考试或考试成绩较低者,给予一定罚款或责令进行补考等。

④ 专业人员培训考核办法:未按照要求及时报送人员名单的给予一定罚款;报送人员名单不能满足本单位防冲监测施工的给予一定罚款。

⑤ 从业人员培训考核奖惩办法:年初未按时上交年度培训计划者给予一定罚款;未按照计划进行组织培训且未通知防冲科的每月给予一定罚款;无故不组织培训学习的每次考核给予一定罚款;培训质量低、培训资料不全、培训未覆盖全员的每月给予一定罚款。

4.4.2 技能育成与人才档案

(1) 冲击地压矿井必须严格按照国家和地方规定提取安全费用,优先保障冲击地压防治资金投入,满足教育培训等防冲工作需要。

(2) 强化冲击地压安全技术培训工作,实现培训计划落实率、全员培训率、特殊工种(包括冲击地压专职值班人员、监测检测人员、解危措施施工专职或者专业人员等按照特种作业人员要求管理的人员)持证上岗率达到 100%。

(3) 防冲科根据矿井实际,按规定提出培训需求,制定培训技术方案,由矿教培中心、防冲科及相关单位分层次组织实施。

(4) 培训内容包括:国内外先进的防冲理念、防冲技术、矿井中长期规划、矿井开拓布局和年度生产接续计划、矿井防冲预测预报、矿井主要解危措施及效果检验、应急管理等。

(5) 每半年组织一次防冲专题培训,邀请兖矿能源内部、外部防冲专家或总工程师、防冲副总工程师授课,培训对象为防冲相关管理人员、技术人员等,培训 8 学时。

(6) 将防冲相关法律法规、规章制度、冲击地压监测预警、防治技术及应急救援等纳入全员培训、专业技术人员和特种作业人员的培训内容，以提高冲击地压防治相关安全知识和技能培训效果，并制定相应的考核制度。

(7) 建立煤矿冲击地压防治专家委员会和煤矿冲击地压防治专家库管理制度，提升冲击地压矿井风险预控、技术支撑和保障水平。专家委员会、专家库成员从高等院校、科研机构、兖矿能源技术科研人员中选聘。

4.4.3 防冲实操培训基地

防治冲击地压实操培训基地包括地面防冲实操培训基地和井下防冲实操培训基地两个部分。

地面防冲实操培训基地由山东能源集团有限公司策划，兖矿能源集团股份有限公司承建，兖矿东华建设有限公司为总包单位参与设计施工，于 2021 年 10 月开工建设，建址于山东能源集团东滩煤矿，2022 年 2 月投入使用，建设基地占地面积约为 5 000 m^2，建筑面积约为 2 403 m^2，新建面积约为 263 m^2，利旧改造面积约为 2 140 m^2，如图 4-12 所示。

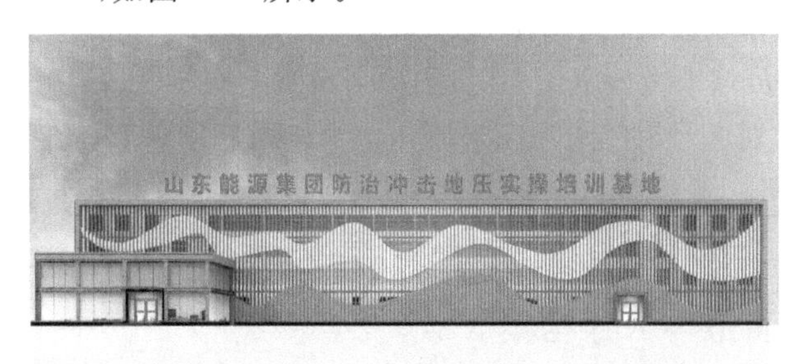

图 4-12　地面防冲实操培训基地效果图

井下防冲实操培训基地位于东滩煤矿 $63_{上}$ 04 轨顺联络巷西侧，巷道北端与 $63_{上}$ 04 轨顺联络巷贯通，巷道南端直接与 $63_{上}$ 05 运顺贯通。由新施工巷道与部分已有巷道组成，将新施工巷道作为井下防冲实操培训基地主要巷道。由东滩煤矿综掘一区负责施工，于 2021 年 5 月开工掘进，历时 3 月，建设巷道全长约 263 m，后由东滩煤矿掘进一区、防冲队以及东华建设有限公司对巷道进行修整美化。

4.4.3.1 地面实操培训基地

地面实操培训基地按照功能主要划分为警示区、演示区、数据分析区、实操区、教学区。其中教学区位于地面实操培训基地办公楼三层西端，演示区位于办公楼三层东端，实操区位于办公楼二、三层中间位置，警示区位于办公楼二层东端。基地平面图如图 4-13 所示。

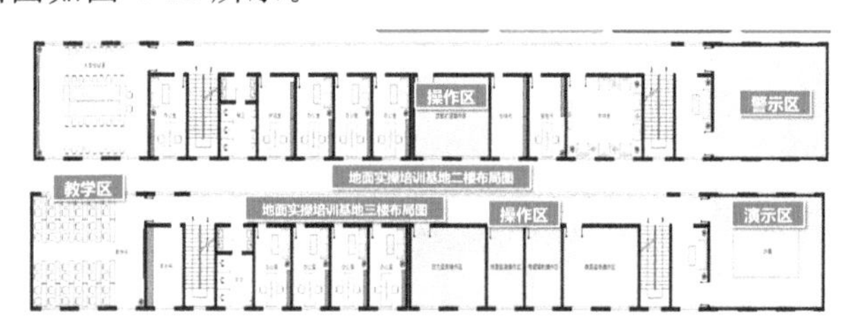

图 4-13 地面实操培训基地平面图

(1) 教学区

教学区设施主要有课桌、讲台、大屏、牌板等,如图 4-14 所示。其主要用于讲解各监测系统的作用、结构原理、安装标准、常见故障及排除方法等,采用动画配合讲解的方式授课。

图 4-14 防治冲击地压实操培训基地教学区

(2) 演示区

演示区主要通过搭建各类防冲监测系统,以动画、牌板、沙盘模型、演示装置等形式,演示地震监测、区域微震监测、局部微震监测、地音监测、应力在线监测、电磁辐射监测系统功能、工作原理、预警处置流程等,如图 4-15 所示。每套防冲监测系统配备一幅牌板、一台智能触控电视(动画),用于展示系统工作原理、系统单个组件的名称和作用、系统安装工艺、预警处置流程、故障分析及排除方法等内容。

① 演示沙盘

以兖矿能源东滩矿井为基础,建立三维立体沙盘模型,并搭建地震台网、微震、应力在线、地音、电磁辐射等监测系统,形象地演示煤矿井下各监测系统的工作原理和数据处理流程等,如图 4-16 所示。

② 高精度微震监测

高精度微震监测系统在演示区主要以视频、牌板等形式,多方位、多形式展

图 4-15　防治冲击地压实操培训基地演示区

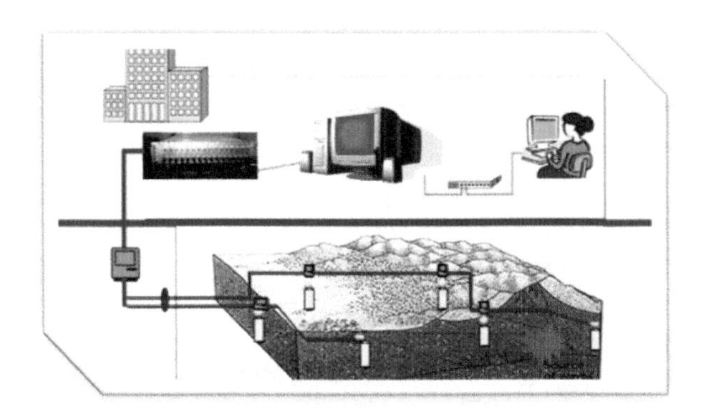

图 4-16　监测系统沙盘示意图

示其特点、监测原理、系统架构、功能与应用等，如图 4-17 所示。

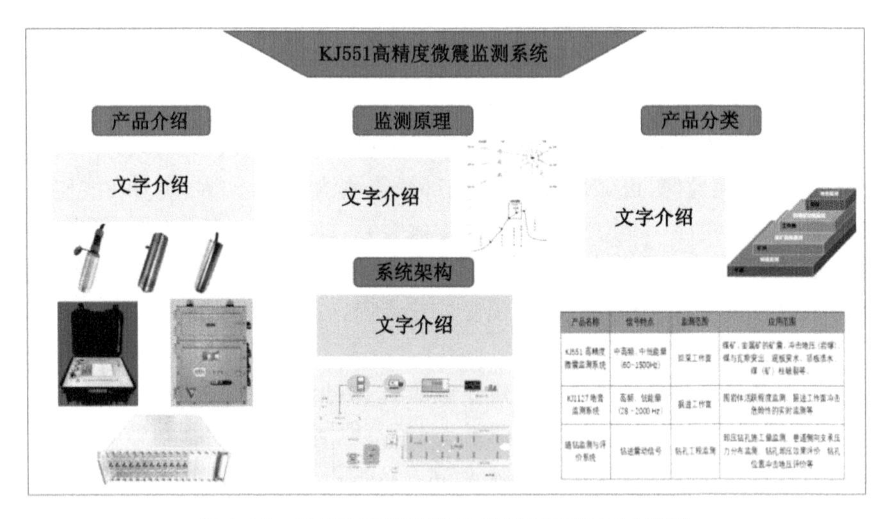

图 4-17　KJ551 高精度微震监测系统牌板示意图

③ 应力在线监测系统

应力在线监测系统在演示区内主要通过视频、展板介绍其系统架构、用途、工作原理、常见故障及排除方式等，如图 4-18 所示。

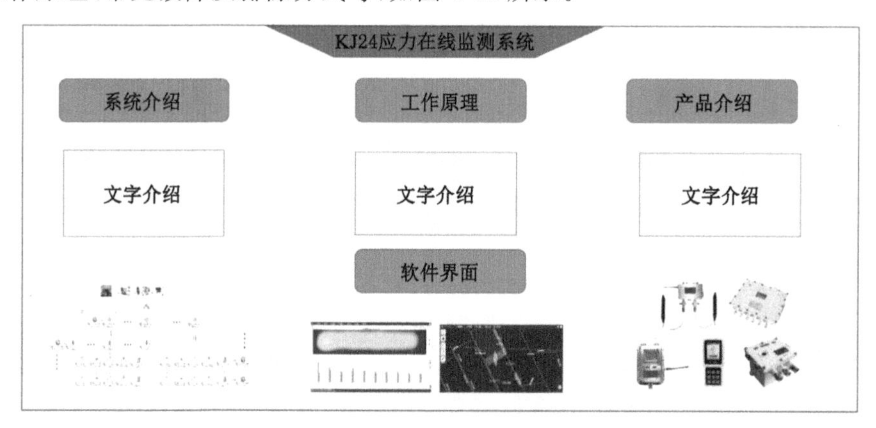

图 4-18　应力在线监测系统牌板示意图

④ 地音在线监测系统

地音在线监测系统在演示区内主要通过视频、展板介绍其系统架构、用途、工作原理、常见故障及排除方式等，如图 4-19 所示。

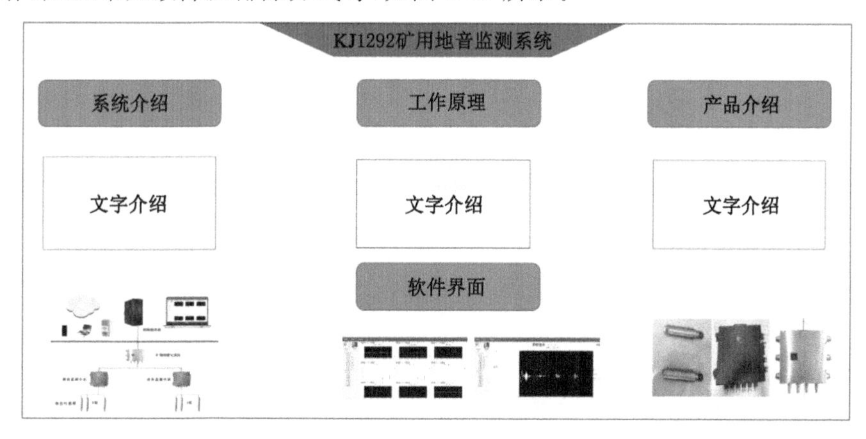

图 4-19　地音在线监测系统牌板示意图

⑤ 电磁辐射监测系统

电磁辐射监测系统在演示区内建造模拟煤壁并安装模拟锚杆和声发射、电磁辐射传感器，模拟煤壁上安装信号发射器模拟电磁辐射及应力变化情况，监测主机显示电磁信号幅值及频率并进行数据分析，用以展示其原理和流程，电磁辐射监测系统牌板如图 4-20 所示。

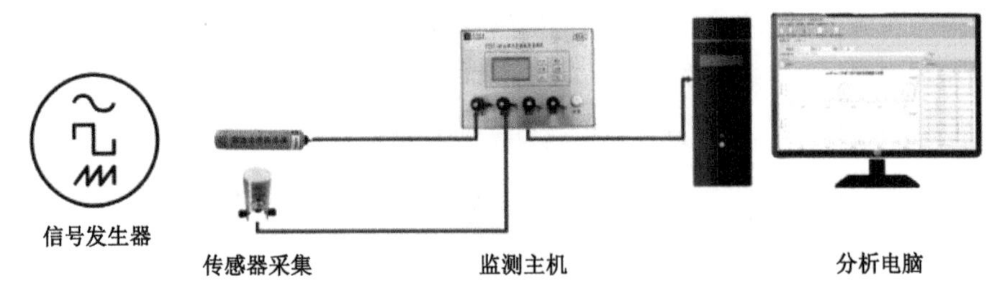

图 4-20　电磁辐射监测系统牌板示意图

（3）实操区

实操区主要通过搭建各类防冲监测系统，以动画、牌板、演示装置等形式，演示区域微震监测、局部微震监测、地音监测、应力在线监测、电磁辐射监测、顶板矿压系统结构原理、安装步骤、实操细节、故障排查等，如图 4-21 所示。

图 4-21　防治冲击地压实操培训基地实操区

① SOS 微震监测

在实操区搭建一套 SOS 微震监测系统，学员可以练习动手搭建通信网络和软件操作，在分析仪上对震动波形进行处理，计算震源位置和能量。学员可熟悉产品工作情况，练习拾震传感器安装、采集站与拾震传感器连接，采集站与记录仪连接，软件操作等。SOS 微震监测实操区平面规划图如图 4-22 所示。

② 高精度微震监测

在实操区建设一个 KJ551 高精度微震监测操作展示平台，如图 4-23 所示。通过模型展示、设备拆卸等，了解主要设备的工作原理和产品特点。在操作平台上对设备进行操作，学习系统接线、传感器安装、故障检查与排除方法等。

③ 应力在线监测

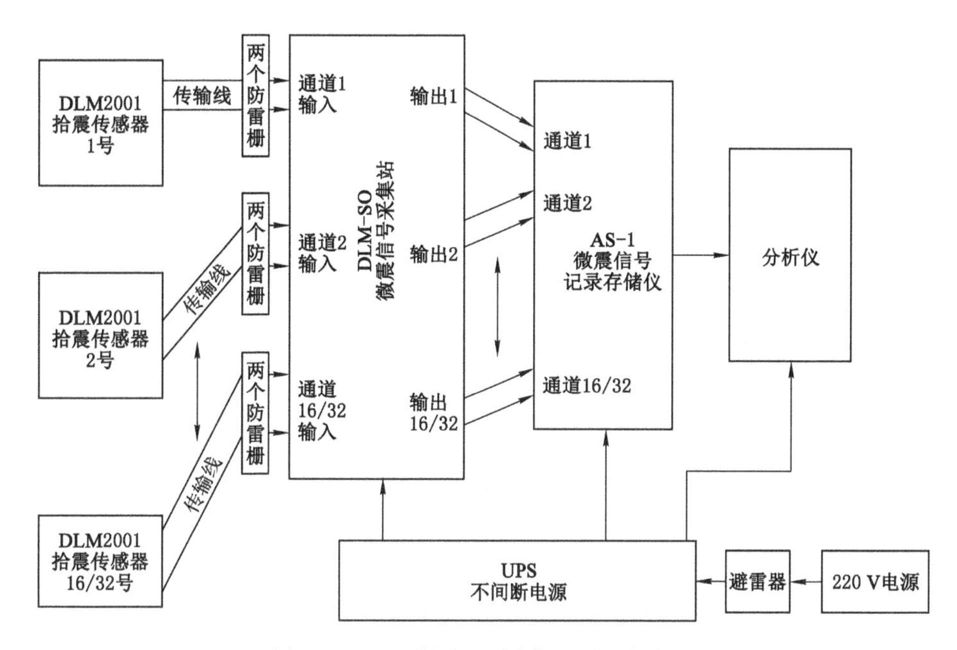

图 4-22 SOS 微震监测实操区平面规划图

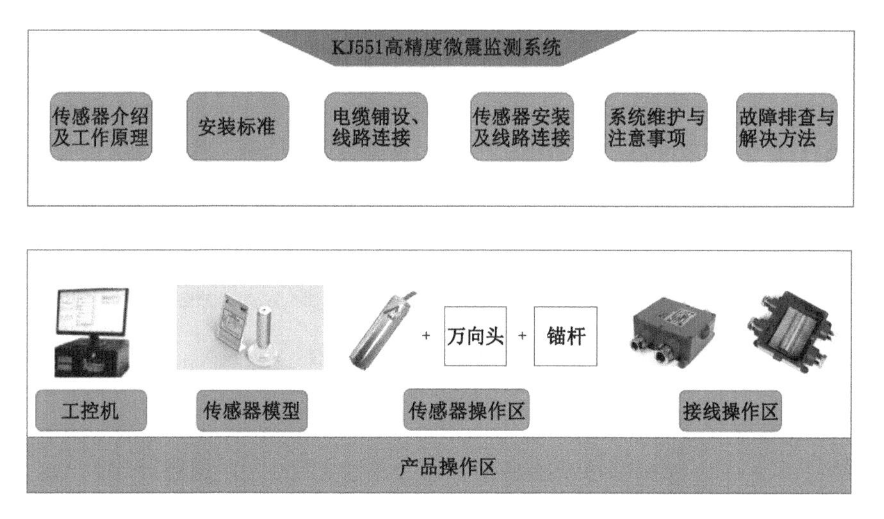

图 4-23 KJ551 高精度微震监测实操区平面规划图

在实操区建造模拟煤壁(高度为 1.5 m),安装(ϕ42)钻孔应力计。学员可体验应力计安装合格、不合格产生的不同结果,通过动手操作,熟悉产品内部构造,练习应力传感器、应力计、手压泵连接,推送杆连接,应力计安装,子站与分站连接，传感器电池组更换等，如图 4-24 所示。

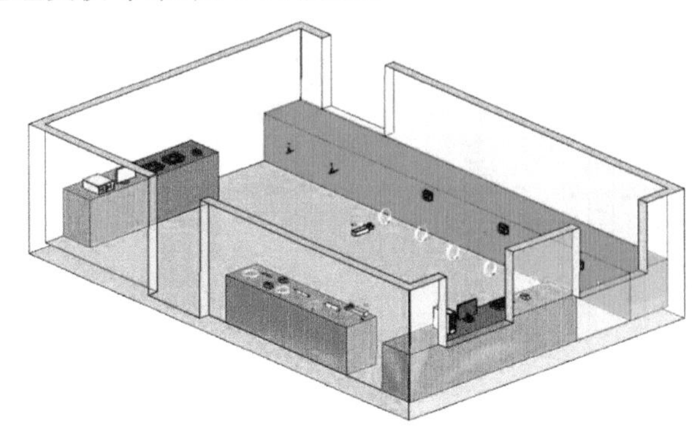

图 4-24　应力在线监测系统实操区平面规划图

④ 电磁辐射监测

在实操区配备一套电磁辐射监测仪和一个信号发生器，通过信号发生器模拟电磁辐射及声发射信号，学员可以通过调节信号发生器大小，模拟煤岩体受载情况，然后观察监测仪数值的变化。学员可亲自操作数据导入过程，并进行数据分析、打印报表等操作，如图 4-25 所示。

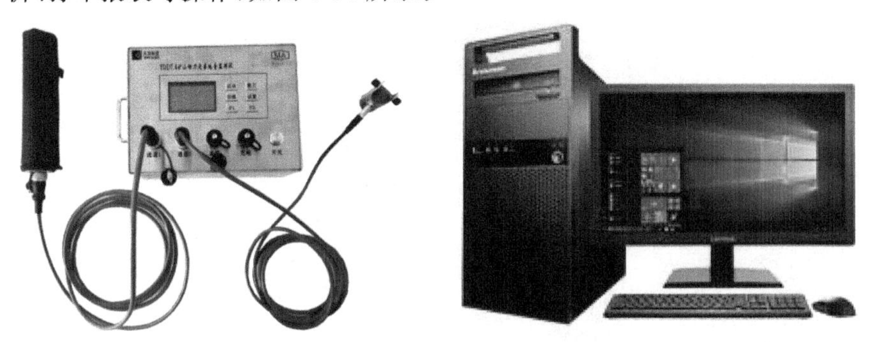

图 4-25　电磁辐射监测系统

(4) 警示区

警示区主要由展厅展板结合冲击地压事故模拟 CAVE 体验(沉浸式视觉解决方案)两大形式组成。通过平面展示与沉浸式展示的结合，让参观者由表至里，深度体验冲击地压事故，如图 4-26 所示。

4.4.3.2　井下防冲实操培训基地

井下防冲实操培训基地规划了宣传展示区、物料生根标准展示区、限员管理区、防冲监测系统展示区、钻屑法检测实操区、卸压装备区等区域，如图 4-27 所

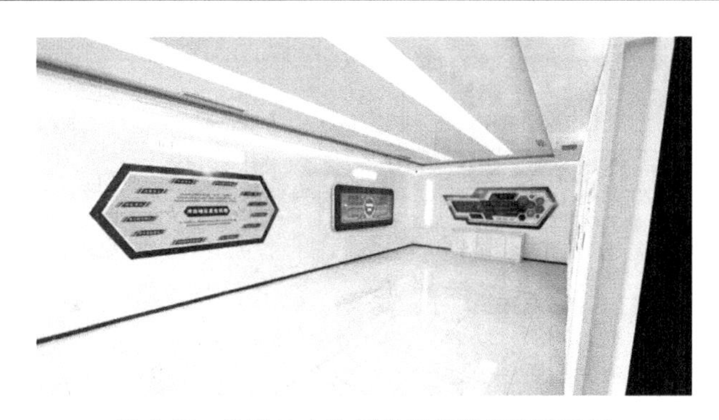

图 4-26 防治冲击地压实操培训基地警示区

示。另外，巷道在评价为弱冲击危险的基础上，增设了 30 m 中等冲击危险模拟区和 30 m 强冲击危险模拟区，将 U 形钢梁、帮部钢带护帮、注浆锚索、恒阻锚索、单元支架等各类特殊支护形式进行展示。

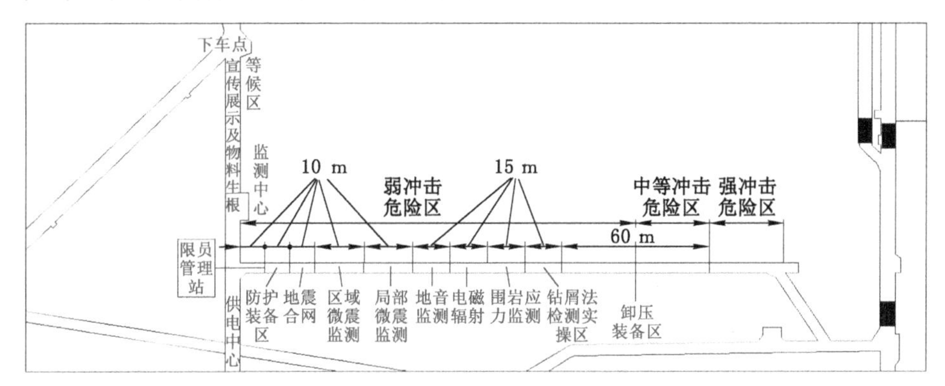

图 4-27 井下防冲实操培训基地区域划分示意图

(1) 集控中心

配备隔爆型计算机 2 台，将地面数据或波形画面通过远程桌面等形式建立井下实时展示中心。

(2) 监测系统区

监测系统区主要用于对各系统设备的安装标准、使用规范进行现场教学、操作。

① SOS 微震监测

在该区段内构建井下 SOS 微震监测系统。安装拾震传感器和保护罩，其中一个演示平台不安装保护罩，直观展现拾震传感器与锚杆之间的连接情况。建立井下波形实时显示区域，通过安装防爆电脑，将地面数据或波形画面通过远程桌面形式展现，如图 4-28 所示。

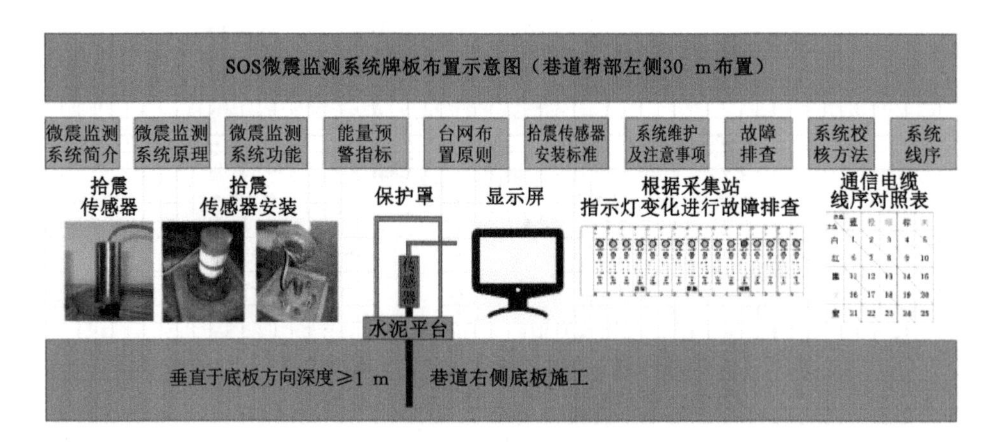

图 4-28　SOS 微震监测系统实操区总体规划示意图

② 高精度微震监测

在该区域内构建一套 KJ551 高精度微震监测系统，如图 4-29 所示。通过井下真实环境的系统搭建，学员在该区域可以实现井下真实环境的系统搭建、线路连接、传感器安装、软件使用等学习和现场操作。

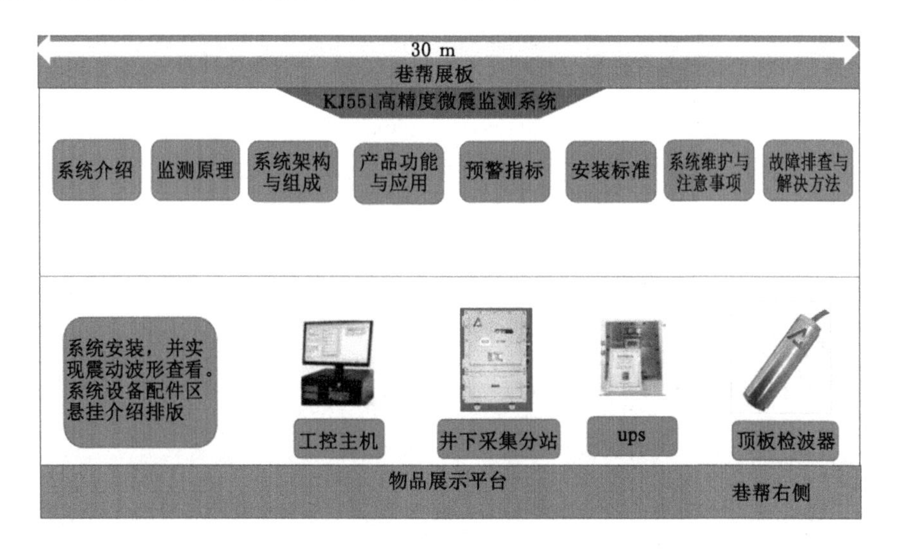

图 4-29　KJ551 高精度微震监测系统实操区总规划示意图

③ 地音监测系统

在该区段内构建一套地音监测系统，布置相关地音传感器、分站等，学员在该区域可以学习传感器的安装操作；监测系统搭建、系统组成及工作原理；传感器布置要求及安装规范；系统及传感器故障与排查；预警事件的解危处理流程。地音系统监测区传感器布置示意图如图 4-30 所示。

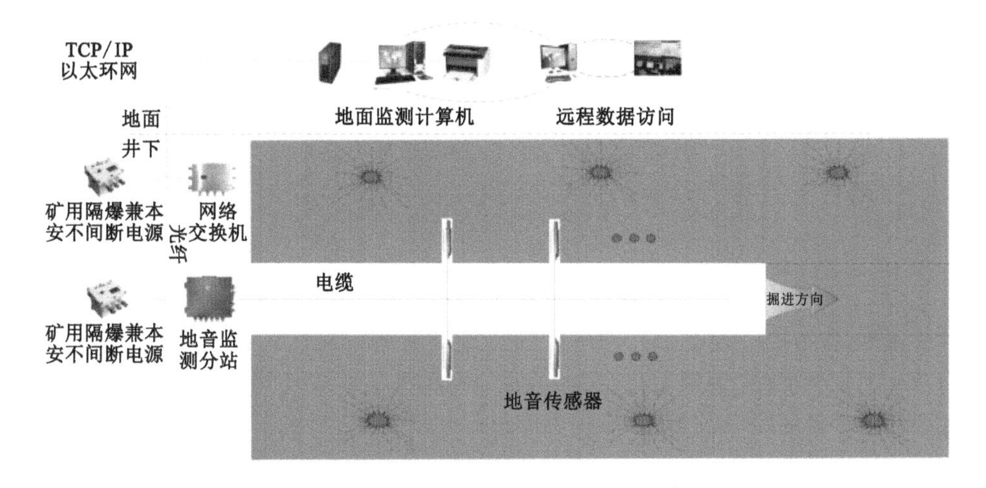

图 4-30　地音系统监测区传感器布置示意图

④ 钻孔应力及围岩变形观测

该区段内构建钻孔应力及围岩变形观测系统，实现对围岩应力、顶板离层、锚杆(索)受力、围岩形变等矿山压力的动态操作与实操培训。地音系统监测区传感器布置示意图如图 4-31 所示。

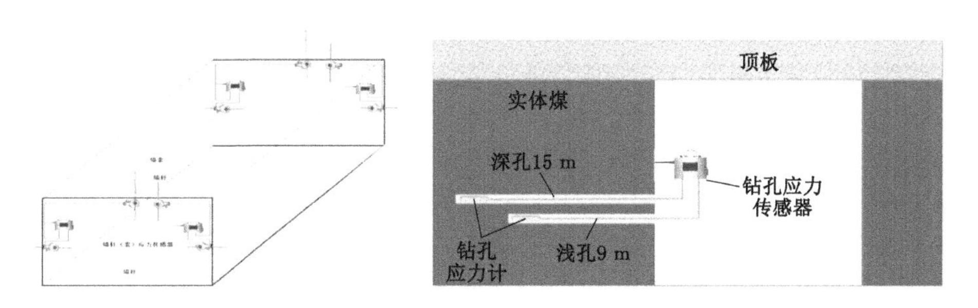

图 4-31　地音系统监测区传感器布置示意图

⑤ 电磁辐射监测

在该区段内构建电磁辐射监测系统，布置相关监测仪器和传感器等，可实现对煤岩体形变产生的声、电信号进行采集，进行动态操作与实操培训，布置示意图如图 4-32 所示。

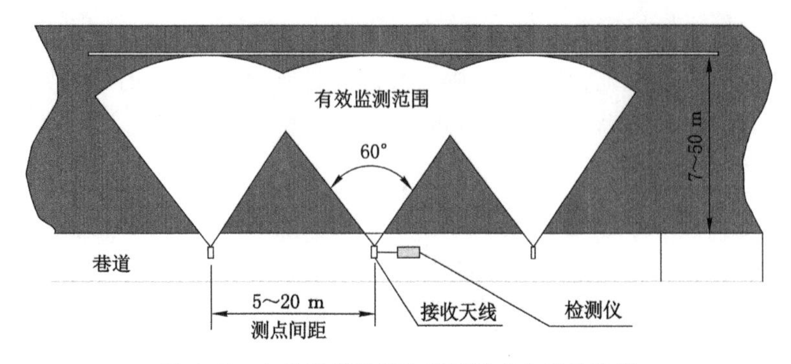

图 4-32　电磁辐射系统监测区测点布置示意图

(3) 卸压装备区

卸压装备区配置 ZYWL-4000Y 煤矿用整体履带式全液压钻机、ZDY3500LP 型煤矿用履带式全液压钻机、ZQLC-2350/20.9S 气动履带式钻机，主要对各种卸压设备的操作、维护保养进行现场教学、实操。

(4) 钻屑检验区

钻屑检验区主要用于对施工要求和注意事项、现场安全环境确认、工器具准备、煤粉称重方法、挂牌管理、质量标准化等进行现场教学、实操。在该区段内现场配备钻屑法施工所需钻具(140 手持钻机)、执法记录仪、ϕ38 mm 钻杆、ϕ42 mm 钻头、弹簧秤、煤粉收集器、煤粉原始记录表等，可实现对钻屑法操作流程、施工标准、安全注意事项等的实操培训。

(5) 防护装备区

防护装备区主要用于对围岩主动支护防护、物料码放捆绑防护及个体防护等进行现场教学、实操，使学员通过实际操作掌握相关知识。

(6) 防护区

在防护区域布置 3 架单元支架、5 架 U 形钢棚，按照厚煤层沿底托顶煤掘进标准的支护要求选择锚杆锚索支护(图 4-33)，可实现对采掘工作面支护的操作流程、施工标准、安全注意事项等的实操培训。

4.4.3.3　运行情况

冲击地压防治实操培训基地项目，采用实物分解、模型展示、影片介绍、实物操作等方式介绍了防冲六大监测系统的传输架构和工作原理。井下防冲实操培训基地配置了各类防冲监测系统、各类型号的防冲钻机，学员可以通过实际的操作熟练掌握各类设备安装标准、操作流程、维护注意事项等，与地面防冲实操培训基地授课内容相呼应，达到深入教学和强化记忆的效果。

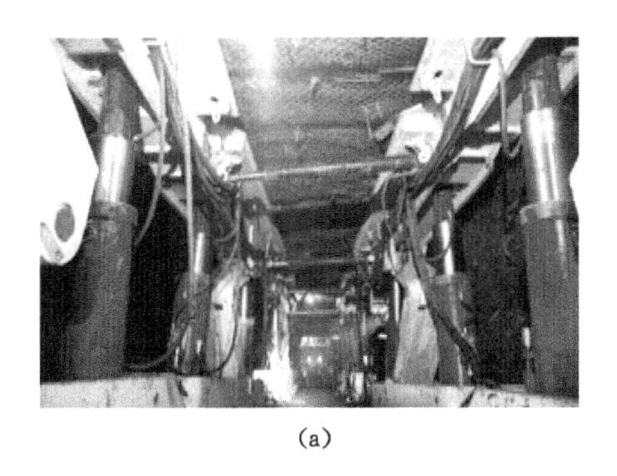

(a)

(b)

图 4-33 工作面支护图

目前，参训学员覆盖范围广，建立了上至能源集团分管领导、二级单位董事长，下至岗位操作工的多层次常态化培训机制。不断创新培训方式、方法和课程设置，针对不同学员，采用“请进来、走出去”方式，有重点、有针对性地实施教学，切实提升培训实效。基地超前谋划、精心准备，认真细致做好开班前设备维护调试、开班期间的各项协调和下井实操服务工作。2022 年，防冲实操培训基地共举办高级班 8 期，参训人员 168 人，其中国家矿山安全监察局山东局人员 26 人。2023 年至今，共举办高级班 4 期、中级班 4 期，参训人员 240 人，其中国家矿山安全监察局山东局人员 15 人、济宁市能源局 1 人、山东兖矿设计咨询有限公司 1 人。

4.5 全面监督管理体系

防冲监督考核按照《安全生产责任追究办法》《安全绩效考核办法》及相关管理办法、规定对违反下列情况之一的相关责任人进行责任追究和经济处罚，主要包括：违反防冲设计开采或防治措施落实不到位，造成现场冲击地压风险明显升高的；违反冲击地压矿井防冲管理流程及规定，制度执行不严格的；冲击地压防治技术方案、措施等内容违反上级及本规定的，不能有效降低、缓解现场冲击危险的。

4.5.1 防冲监督检查管理方式

兖矿能源针对当前的防冲形式，创新检查模式，采用全面覆盖、深入剖析、现场写实、专项检查相结合，有的放矢，切实提高检查效果。公司采用 4+2 检查模式（“4”：月度覆盖检查、月度剖析检查、季度专项评价、防冲专项检查；“2”：重点工作面覆盖检查、重点工作面现场写实），如图 4-34 所示。

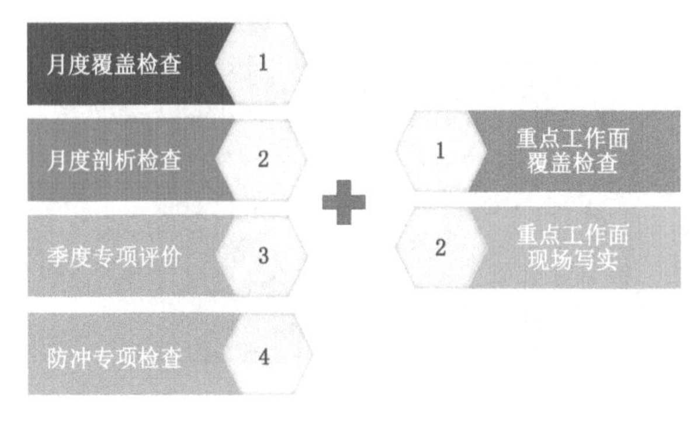

图 4-34 “4＋2”检查监督模式

(1) 月度覆盖检查

根据管控重点，Ⅳ类矿井月度检查不少于2次，其他矿井不少于1次，覆盖式检查以现场检查为主。每月定期梳理检查重点，分析总结易出现、难执行问题，并进行重点检查。

部分重点检查问题如下：

① 视频资料不全、关键环节缺失、录制不清晰等。

管控方案：防冲隐蔽工程视频资料实行“三级验收把关”制，区队专人每天进行审查确认，防冲科值班人员进行复查确认(核实存档)，防冲科分管管理人员随机抽检，确保防冲隐蔽工程视频录制质量。

② 顶板爆破钻孔装药及封孔深度不能满足设计要求。

管控方案：主要原因是装药前没有进行探孔或探孔时发现塌孔情况不进行处理；装药、封孔时存在侥幸心理，送入深度不能满足设计要求。各单位要加强施工质量管理，加大验收考核力度，确保施工质量。

(2) 月度剖析检查

每月对重点工作面进行全覆盖，同时每月选取1～2个薄弱矿井进行剖析检查，并根据问题严重程度下发通报，形成“1＋1＋1＋N”检查模式，具体如下：

① “1”：每半年对省内矿井开展一次全覆盖“求实”检查。

由公司分管安全生产副总经理带队，每个部门根据业务分工，参照“求实”检查的方式，对网格化区域、通风线路、边远巷道等地点开展井上、井下全覆盖督导检查；每个矿督导检查3～4 d，对于井上、井下作业地点较多的煤矿，可以适当延长检查周期，不超过半年对省内矿井集中检查全覆盖。

② “1”：每月至少开展一次突击夜查。

由兖矿能源分管安全生产副总工程师及以上领导带队，调度指挥中心牵头组织，联系相关部室及直属机构派员参加，采取“四不两直”的形式突击检查。原则上每半年要对省内矿井至少覆盖一次。

③ “1”：每月开展一次冲击地压剖析检查。

防冲办公室牵头，在参加公司“求实”检查的基础上，每月至少再另外选取一个单位随机进行全面剖析检查。

④ “N”：采取多种形式开展专业检查。

各部门及直属机构根据业务分工，时刻保持严抓严管的高压态势，动态开展安全包保、安撤督导验收、重点头面专盯、智能化建设等专业督导检查；每月至少开展一次周末督查；完成领导交办的监督检查任务。

(3) 季度专项评价

强化矿井冲击地压防治管理，分析辨识矿井冲击地压风险，深入剖析矿井防冲风险管控和专业管理中存在的问题和不足，每季度选取一个矿井开展防冲专项评价。检查人员由外聘专家、公司专业部室人员、矿井防冲专业人员组成，对照《防冲专项评价主要内容》和《防冲专项评价主要资料清单》，从技术资料、监测预警、现场管控、监督考核、综合评价这五个方面进行专项评价检查。参加人员不少于 10 人，检查时间不短于 1 周。具体内容包括工作面冲击危险评价和防冲专项措施的编制等是否合规、卸压工程是否符合上级规定、超前支护是否符合要求、爆破专项措施是否齐全等。

(4) 防冲专项检查

根据防冲监测系统、防冲工程落实、技术资料管理等开展四项针对性检查，检查指导矿井薄弱方面的问题，具体内容如图 4-35 所示。

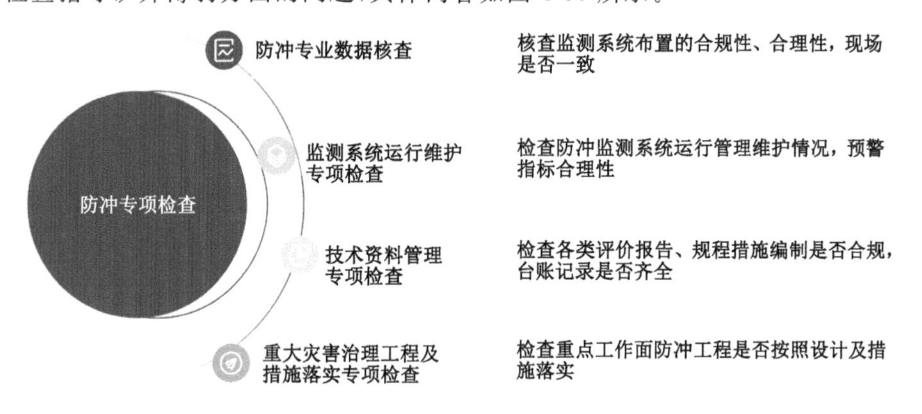

图 4-35 防冲专项检查内容

(5) 重点工作面覆盖检查

根据现场风险情况排定月度重点管控工作面，工作面覆盖每月不少于 2 次。

风险判定依据如下：重要节点、应力异常区域、构造区域、煤柱影响区域及风险分析等。根据重点管控工作面情况，分工到人，及时检查工作面并发布检查情况，确保重点工作面防冲安全。表 4-1 以 6 月为例，给出了重点工作面覆盖情况。

表 4-1　6 月重点工作面覆盖情况

煤矿	地点/项目	主要内容	指标分配	完成时间	人员签字
南屯煤矿	$93_{上}$ 24 工作面（延续）	不规则工作面、轨顺沿断层布置，基本顶为 19 m 厚中砂岩，随工作面推采易诱发大能量事件，存在冲击地压风险			
鲍店煤矿	$73_{上}$ 11 工作面（延续）	$73_{上}$ 11 工作面回采期间，受埋深、相邻采空区、不规则工作面、巨厚坚硬“红层”、老巷切割等因素影响，存在冲击地压风险			
东滩煤矿	3308 工作面（延续）	3308 工作面主要受埋深、煤厚、沿空开采等因素影响。6 月份工作面过断层，且临近掘进期间的应力异常带需重点管控			
济三煤矿	$163_{下}$ 06 工作面（新增）	埋深近 700 m，工作面布置在两条断层带之间，构造应力和水平应力较高，煤层硬度较大而易积聚弹性能。工作面上覆坚硬顶板，直接顶为厚度超过 20 m 的砂岩层，其破断易释放弹性能形成强动载			
赵楼煤矿	7302 工作面（新增）	埋深超过 800 m，运顺沿断层布置，工作面局部受沉积异常影响煤厚变化大。工作面轨顺进入缩面区域，联络巷和顺槽形成小煤柱应出现应力集中			
赵楼煤矿	5305 开切眼（延续）	5305 开切眼期间受自重应力影响、采空区侧向支承压力、断层应力及扰动应力耦合叠加影响，故生产过程中存在冲击地压风险			

（6）重点工作面现场写实

排定季度重点工作面写实计划，同时根据实际情况进行月度调整。矿井层面通过查定位、查录像、记录单等检查矿井写实情况，公司层面分工到人，及时发布写实情况，并在分配表中填写写实情况。

4.5.2　防冲监督考核方法

(1) 明确监督检查硬性指标

各部室及直属机构每月至少查出不少于一项符合红黄牌标准、典型问题或危及安全的重大问题，每季度必须完成挂牌指标；严格落实"实名制"检查要求，按规定完成下井指标，规范填写检查信息，实现井下轨迹留痕可查询、可追溯，工作成效可考核、可倒查。

(2) 主动沟通交流监督检查信息

① 专业部室要积极沟通协调。能源集团及上级执法部门到基层单位检查期间，各安全生产部室及直属机构要主动与被检单位联系，掌握检查出的重点问题，及时与检查组沟通交流、答疑解惑，最大限度取得上级的理解和支持，并第一时间向公司分管领导汇报。

② 每季度召开专业会议交流信息。专业现场会议由主管部室牵头筹备，分管副总经理组织召开，采煤、掘进、辅助运输、通防、机电、防冲、选煤管理等专业及智能化开采每季度召开一次专业现场会议，其他专业每季度可采取其他形式组织召开。采取"正向激励和反面惩戒"的形式，对专业管理亮点和好的经验做法进行推广应用，存在较为严重的影响安全生产的问题，进行通报、重点剖析，共同吸取教训。督察办公室要重点督查季度专业会议计划表、会场照片、工作小结、会议纪要等资料是否齐全并严格考核。

③ 强化问题整改闭环管理。各部门、各单位要严抓各类生产安全问题闭环整改，加强日常调度，及时跟踪指导问题整改和措施落实，不定期开展现场抽查和资料核查，并做好分级管控与问题整改验收环节，如图 4-36 和图 4-37 所示。

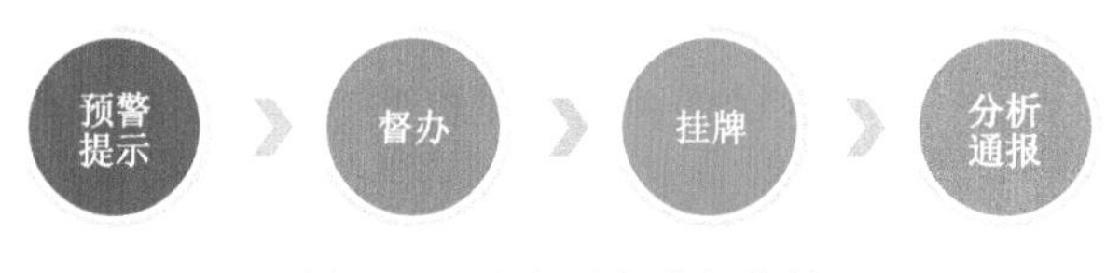

图 4-36　现场监督分级管控

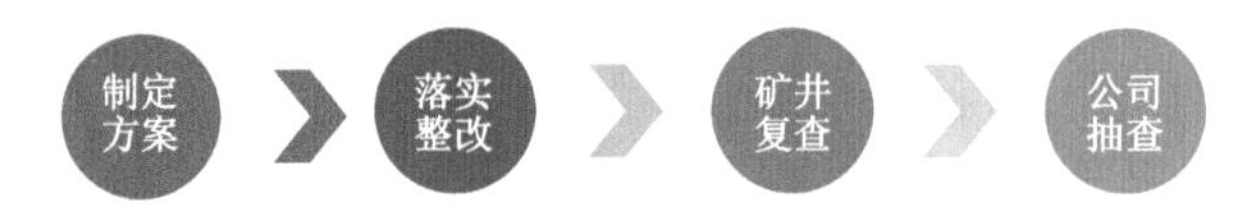

图 4-37　现场监督验收环节

5 冲击地压防治技术管理实践

兖矿能源坚持贯彻“先安全再生产，拿不准先停下，定方案要会商，有把握才能干”的生产原则，在公司防冲管理实践中发现问题、分析问题、解决问题。在已构建的公司防冲技术管理体系基础上，从防冲源头上进行管控，全面构建冲击危险监测监控预警平台及体系，严格管控风险动态分析，严抓现场防冲制度及措施落实，并做好防冲应急管理处置。

5.1 防冲五化管理

为了实现冲击地压防治标准化管理，构建了防冲五化管理模式，即安全生产标准化、现场操作规范化、体系运行流程化、风险能力可量化、矿井管理示范化。

5.1.1 安全生产标准化

安全生产标准化是指通过建立安全生产责任制，制定安全管理制度和操作规程，排查治理隐患和监控重大危险源，建立预防机制，规范生产行为，使各生产环节符合有关安全生产法律法规和标准规范的要求，人（人员）、机（机械）、料（材料）、法（工法）、环（环境）、测（测量）处于良好的生产状态，并持续改进，不断加强企业安全生产规范化建设。兖矿能源制定了标准化手册，坚决做到设计先行，保证设计的科学性，通过现场会诊、方案论证会等形式，超前做好准备工作，为采掘提供最好的现场条件，最终实现安全、高效，改善作业环境。以兖矿能源安全生产标准化建设中的工程质量和岗位作业双达标和冲击危险区设备（物料）高效固定措施为例，论述公司安全生产标准化实践情况及效果。

（1）工程质量和岗位作业双达标

原SOS微震监测系统拾震器的桶状护罩固定在基础台上，做敲击实验时，只能敲击护罩，改造开口后，可直接敲击固定锚杆，提高了敲击的精确性；原来的护栏放置在拾震器的基础台上，无法保护基础台，重新规划设计后，护栏固定在巷道底板上，可以较好地保护基础台，如图5-1所示。标准统一后，可通过波形特点检验微震拾震器的安装质量和使用效果。

(a)

(b)

图 5-1　拾震器布置图

(2) 冲击危险区设备(物料)高效固定措施

《煤矿安全规程》第 243 条、《防治煤矿冲击地压细则》第 79 条明确要求：冲击地压危险区域内的设备、管线、物品等应当采取固定措施，管线应吊挂在巷道腰线以下。以往冲击地压事故调研发现：固定措施包括 U 形绳、皮带、小链等，发生冲击地压事故时易导致物料飞起造成伤人事故。而作业现场(设备)物料固定多采用锚链捆绑，既不美观，也不满足矿井质量标准化建设的要求。政府部门检查时，多次提出设备、设施不固定或固定不合格问题。为此，为了施工快捷，节省人工，形象美观又能重复使用，兖矿能源制定了一系列固定措施的标准，包括对作业现场典型设备、物料分类，形成各种典型设备物料的固定方法及标准化的配套设施；改进设备(物料)固定工艺，固定效率提高 50%以上；提高设备(物料)固定形象，促进设备(物料)固定标准化提升。依据上述标准，公司设计了框架式固定装置、固定架式固定装置、箱体式固定装置、专用架固定装置等。

① 框架式固定装置

框架式固定装置主要是针对风水管路设计，在不改变原管路吊挂方式的前提下，在吊挂钩上增加固定孔，利用螺栓配合固定框的方式实现管路的快速固定，如图 5-2 所示。该装置施工对现场管路吊挂工艺未增加工作量，仅使用 2 条固定螺栓连接固定框就完成了管路固定，效率高且可重复使用。

② 固定架式固定装置

固定架式固定装置主要针对固定存放的长条形、规则形物料(如锚杆、锚索、单体等)设计，采用槽钢焊接“H”架，2 个“H”架配套使用，“H”架采用地锚生根形成固定点，物料横担于“H”架上，采用 ϕ20 mm 挡杆横插入“H”架固定孔内实现物料固定，如图 5-3 所示。通过在“H”架立柱上加工了固定孔，采用 ϕ20 mm 挡杆插入固定孔固定代替了锚链捆绑固定方式，固定时间由 15 min 缩短至 2 min。

(a)

(b)

图 5-2　框架式固定装置图

(a)

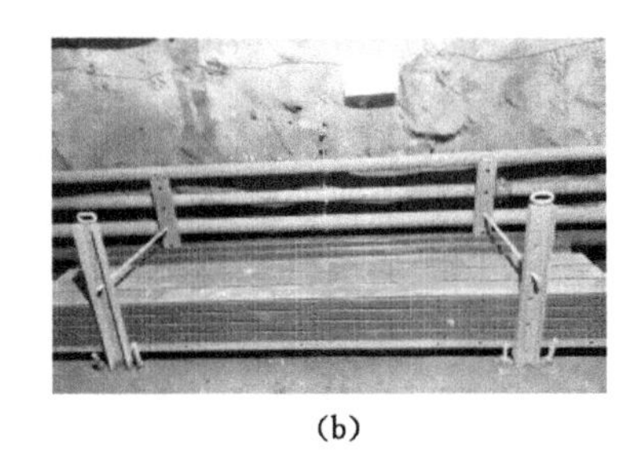

(b)

图 5-3　固定架式固定装置图

对于长度超过 1.5m 的物料，包括掘进期间的锚杆、钢带、槽钢、工字钢、管路等，以及回采期间的单体液压支柱、U 形钢梁、工字钢梁、π 形钢梁、管路等，采用的物料架采用槽钢焊接，物料架地脚处设地锚生根，长条状物料横担于物料架上，框架固定孔内插入 ϕ20 mm 挡杆固定，如图 5-4 所示。

对于长度不足 1.5 m 的物料，包括掘进期间的锚固剂、菱形网、塑料网等，以及回采期间的菱形网和金属网等，采用的物料机架采用槽钢焊接，物料架地脚处设地锚生根，物料横担于物料架上，采用 3 t 锚链固定物料，具体如图 5-5 所示。

③ 箱体式固定装置

箱体式固定装置主要针对零散型、小型物料，在物料箱或箱式矿车上增加防护帘，采用地锚固定箱体，通过防护帘的快速开合实现零散物料在箱体内的存放和固定，具体如图 5-6 所示。通过对箱式矿车、物料箱进行局部优化，仅增加了防护帘和地锚，充分利用了现有的箱体料场。增加防护帘实现物料的快速固定，解决了原箱体存放物料无防护问题。

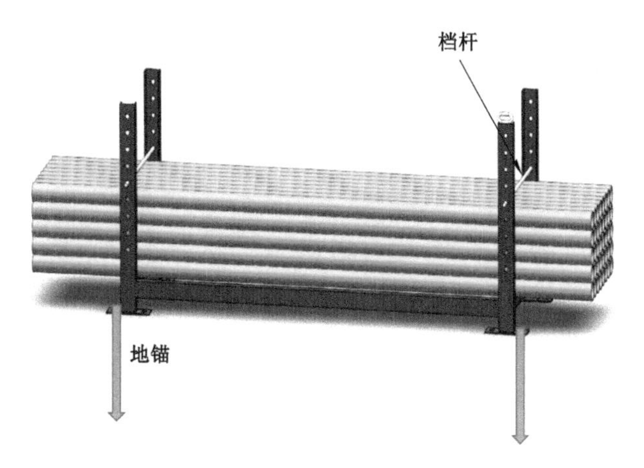

图 5-4　长度超 1.5 m 物料架示意图

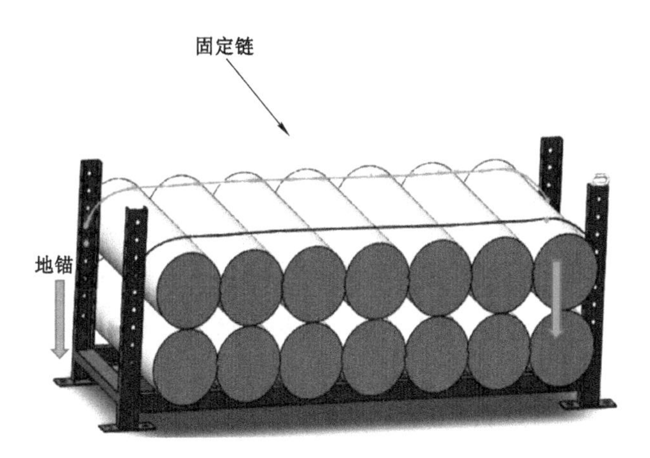

图 5-5　长度小于 1.5 m 物料架示意图

④ 专用架固定装置

专用架固定装置主要适用于掘进工作面 QBT-130 顶置钻机固定，采用角铁或槽钢加工固定架，固定架采用锚链与巷帮锚杆固定，钻机采用圆钢固定于固定架上，如图 5-7 所示。

采用框架式固定、固定架式固定、箱体式固定、专用架固定装置进行冲击地压危险工作面设施物料固定后，单班固定时间由 90 min(1 人工)缩短至 20 min(1 人工)，效率提高 78%。按 220 元/工计算，每月节省人工工资 2 725 元。采用优化后的固定工艺，减少了作业现场物料不固定、固定不合格的现象，保障职工作业安全，极大促进了作业地点标准化提升。

图 5-6　箱体式固定装置图

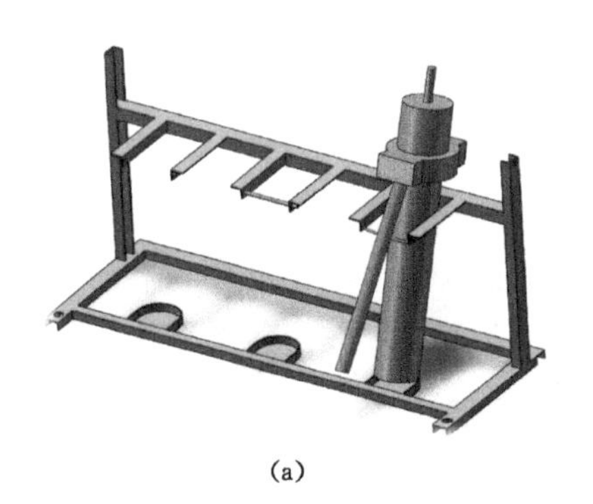

(a)

(b)

图 5-7　专用架固定装置图

5.1.2　现场操作规范化

规范化是指在经济、技术、科学及管理等社会实践中，对重复性事物和概念，通过制定、发布和实施标准(规范、规程和制度等)达到统一，以获得最佳秩序和社会效益。防冲生产技术规范的制定对于防冲技术的科学应用和提高煤矿生产安全水平具有重要意义。防冲生产技术规范的制定需要根据实际情况进行制定，结合国家和行业标准、技术规范、技术文件来规范防冲技术的应用，促进防冲生产技术的普及和应用，提高煤矿安全生产水平。兖矿能源根据相关法律法规及技术规范，制定了钻屑法、钻孔卸压、应力计安装及爆破断顶孔施工标准流程，并进行视频录制，下面以钻屑法施工为例，阐述现场操作规范化案例。

钻屑法施工期间，严格执行公司制定的钻屑施工标准流程，视频录制重点内容包括:(1) 施工时间、位置、钻孔编号;(2) 钻进过程(每米钻进结束空转钻机不短于 3 s);(3) 煤粉收集过程;(4) 称重环节(称重时有煤粉量称重特写及报数信息);(5) 施工钻杆数量清点环节;(6) 钻屑牌板填写记录录像(不短于 3 s)。具体施工步骤见表 5-1,现场施工图如图 5-8 所示。

表 5-1 现场操作规范化流程-以钻屑法为例

序号	步骤	操作流程	执行说明
1	施工准备	钻具铰钳取粉器,卷尺量称记录仪。剪网开孔开喷雾,视频调好清晰度。收集装置安装好,煤粉一点不能少、称调零、报参数,人、桶、钻孔全录入	(1) 剪网:按照标记位置对钻孔开孔位置剪网,剪网尺寸约为 80×80mm。 (2) 开孔:高度为 0.5～1.5 m,角度平行于煤层,垂直于煤帮。 (3) 固定记录仪:开孔前固定好视频记录仪,记录仪应采用专用固定架固定在施工钻孔上风侧 3～5 m 帮部锚杆上。录制取景范围应将施工钻屑孔口、煤粉收集器、煤粉桶(袋)取粉过程和施工钻机及钻进过程等场景全部录入。 (4) 视频清晰度:作业现场较暗时,应打开记录仪红外线装置。 (5) 施工汇报:站在记录仪前方打开执法记录仪,对准管理牌板,说出施工人员姓名、时间、班次、地点、钻孔(帮部或迎头)编号及对应帮部(或顶板)钢带号,采煤工作面还要报出距工作面距离等信息,特写记录煤粉孔牌板及编号。 (6) 特写内容:负责人手拿记录仪录制开孔点位置附近顶板钢带号,录制弹簧秤调零过程
2	钻进取粉	2 m 开始称重量,取粉称重无遮挡。钻进均匀不撒粉,空转 3 s 吐净粉。精确小数后一位,异常情况要反馈。称特写、加口述,煤粉重量填记录	(1) 钻粉称重:第 2 m 开始收集、称重,须对着记录仪,确保无遮挡。每米施工完,将专用取粉器吐粉软管内煤粉全部倒进取粉桶,不得人为撒漏、倾倒煤粉,然后将取粉桶拿到记录仪镜头前进行称重并记录,读出第几米及重量,并填写记录。 (2) 钻进取粉:施工时必须能清晰记录钻粉收集全景,每施工完 1 m 钻杆应空转 3 s 以上吐完该节孔内煤粉,保证该节煤粉全部收集到取粉桶中。 (3) 动力效应:当出现吸钻、卡钻等动力效应时,必须由负责人在记录仪附近报出动力效应情况,声音必须清晰

表5-1(续)

序号	步骤	操作流程	执行说明
3	收尾施工	退钎过程节节报, 施工深度不能少。 特写牌板两秒钟, 动力现象要讲清。 孔口喷漆做标记, 补网整理工器具。 清煤粉、码物料, 工完料净标准高	(1) 退钎时:每退 1 m 汇报一次退钻杆的米数,直至钻杆全部退出后特写钻杆总数量。 (2) 收尾录制:施工完成后,退出钻杆,并对监测牌板填写结果给予特写,对着镜头停留 2 s 以上,汇报施工过程中的动力现象等情况,并在孔口喷漆后方可停止录制。 (3) 工完料净:牌板规范填写,吊挂平直,煤粉清理干净,钻具生根固定
4	预警处置	吸钻卡钻煤粉超, 检测预警及时报。 停电停产加撤人, 防冲队员来解危。 解危完毕要检验, 研判正常再复产。 强监测、按周期, 实现矿井零冲击	预警时应立即停电、停产,人员撤离至安全区域,由防冲队员进行卸压解危,解危时任何与解危无关的人员不得进入,停止运行一切与解危无关的设备,解危后进行效果检验,经检验无冲击危险后方可恢复生产

(a) 钻具铰钳取粉器,卷尺重称记录仪

(b) 剪网开孔开喷雾,视频调好清晰度

(c) 收集装置安装好,煤粉一点不能少

(d) 称调零、报参数,人桶钻孔全录入

图 5-8 现场操作规范化施工——以钻屑法为例

(e) 两米开始称重量，取粉称重无遮挡

(f) 钻进均匀不撒粉，空转三秒吐净粉

(g) 精确小数后一位，异常情况要反馈；称特写、加口述，煤粉重量填记录

(h) 退钎过程节节报，施工深度不能少

(i) 特写牌板两秒钟，动力现象要讲清

(j) 孔口喷漆做标记，补网整理工器具

(k) 清煤粉、码物料，工完料净标准高

(l) 吸钻卡钻煤粉超，检测预警及时报；停电停产加撤人，防冲队员来解危；解危完毕要检验，研判正常再复产；强监测、按周期，实现矿井零冲击

图 5-8 （续）

在视频采集环节，需注意以下事项：

(1) 视频数据采集能够准确显示采集日期、时间，施工人员对关键信息报数要清晰。

(2) 视频数据采集要保证现场灯光亮度，能够清晰辨认采集主要过程或环节，没有灯光时应开启夜视模式。

(3) 记录仪录制角度要合适，视野要广阔，确保施工人员、施工过程、煤粉收集、称重读数、卸压孔施工数、爆破孔施工角度、装药封孔过程、牌板记录填写全过程清晰。

(4) 煤粉收集时不得出现撒漏现象，称重时严禁出现提桶(袋)、抬桶(袋)等动作。

(5) 钻进过程中出现较大煤炮、煤粉大颗粒、吸钻、卡钻时，及时在记录仪录制范围内口述记录。检测煤粉指标超限时，应口述超限煤粉量。

(6) 检测期间出现煤粉潮湿无法继续施工时，应说明原因和处置措施。

(7) 现场出现异常情况时要录入视频。

5.1.3 体系运行流程化

防冲工作涉及矿井和职能部门多，只有建立防冲标准管控流程，才能较好地解决各级领导、各级部门、矿井不同层级、不同单位、不同人员等的职责履行难题，确保不同矿井之间以及同一矿井内部同一项防冲工作执行效率、执行标准、落实质量等达到统一的标准，避免矿井每项防冲工作主要程序、主要环节实施过程中出现缺项、漏项、重要失误等问题。

防冲标准管控流程就是全面梳理防冲各项工作，列出工作清单、各个环节、各项工序及每项工作涉及的相关单位，结合实际对每项工作在流程上进行规范，解决各项工作应该做什么、何时做、谁去做以及如何做的难题。目前，兖矿能源制定了防冲安全技术管控流程(共13大项)、防冲现场管控流程(共15项)等。

防冲安全技术管控流程包括：

(1) 冲击倾向性鉴定流程；

(2) 冲击危险性评价流程；

(3) 防冲安全论证流程；

(4) 防冲中长期规划、年度计划管控流程；

(5) 采掘工作面管控流程；

(6) 特殊地点防冲安全管控流程(巷道贯通、立交、煤柱、构造、留底煤、停采线外错等特殊区域)；

(7) 冲击危险工作面巷修安全技术管控流程；

(8) 监测预警处置管控流程，包括SOS微震(矿震)预警处置流程、应力在线预警处置流程、钻屑法预警处置流程；

(9) 规程措施编审管控流程，包括作业规程管控流程、防冲专项措施管控流程(解危、断顶、底煤、大型地质构造、邻近采空区、特厚煤层、停采线外错等)、爆破断顶方案管控流程等；

(10) 监测室日常管理流程，包括值班管理流程（含交接班等）、日常监控资料管控流程（图纸）、分析总结管控流程（日、周、月异常区域分析，工作面总结）；

(11) 资料档案管理流程，包括技术资料管理流程、各级检查问题闭环管理流程、防冲工程资料管理流程、防冲视频资料管理流程；

(12) 防冲科研项目管控流程；

(13) 检测设备管控流程。

防冲现场管控流程包括：

(1) SOS 微震监测安装维护管理流程；

(2) KJ551 高精度微震监测安装维护管理流程；

(3) 主被动 CT 反演管控流程；

(4) 应力在线监测安装维护管理流程；

(5) 电磁辐射监测管控流程；

(6) 钻屑法施工管控流程；

(7) 煤层预卸压钻孔施工管控流程；

(8) 煤层爆破施工管控流程；

(9) 底煤卸压施工管控流程；

(10) 坚硬顶板断顶爆破施工管控流程；

(11) 防冲限员管理站安装运行管控流程；

(12) 冲击地压事故专项应急预案演练；

(13) 解危卸压工程施工管控流程；

(14) 视频录制管控流程（钻屑、卸压、爆破、应力计安装）；

(15) 防冲钻机全生命周期管理。

公司层面制定相应的防冲标准管控流程，并推动全面落实。矿井层面继续完善、宣传，并贯彻执行，最终实现方向、目标、步调一致，快速复制精细化管理。

5.1.4 风险能力可量化

冲击危险性是指煤岩体发生冲击地压的危害程度或危险程度，是煤岩体的一种状态，是系统考虑介质属性、地质构造、开采条件等因素后得出的综合性结论。冲击危险性分析贯穿于矿井全生命周期，定性分析以不进行大量复杂计算为特征，但是对于要素和信息则要求尽可能全面，定量分析基于一种或几种监测数据的演化特征进行预警及预测，主要面向回采期间动态冲击危险性的跟踪，并对防冲措施落实效果进行评价。其中，定性是指研究对象属性的质性描述、分析和解释，强调对现象的观察和描述，依靠研究者的主观感受、经验、分析和解释，主要通过文字、图表、图片等进行呈现，主要采用工程类比法、经验分析法等。定量则是指用数字化指标和标准对研究对象进行度量和描述的研究方法，通过量化研究对象的属性和变量，从而得出精确的统计结果。

定性和定量是两种不同的研究方法，各自适用于不同类型的研究问题和研究对象。定性方法更适用于探索性研究，而定量方法则更适用于验证性研究。在研究设计和方法选择时，研究人员需要根据研究目的和数据类型来确定采用哪种方法，或者将两种方法结合起来使用。早期冲击地压的监测仪器简单、手段单一、冲击案例和监测数据少，只能采取定性的方式进行分析。目前，已积累大量的数据和案例，采用定量分析方法实现可量化是必然的趋势和要求。

冲击危险性的定量分析是实现冲击地压最终有效防控的直接支撑。冲击危险性定量分析能够基于数据反映矿井的差异性，是实现“一矿一策”防控要求的基本条件，与之对应的核心特征可描述为：以矿井自身数据指导矿井自身生产。冲击危险性定量分析并不意味着方法或指标的复杂化，因冲击地压以现场有效防控为目的，只要满足以矿井自身数据指导矿井自身生产的特征，即可纳入定量评价的范畴。

风险可量化具体包括以下几个方面：

(1) 数据可视化

数据可视化是实现可量化的关键技术，对分析结果进行可视化处理，制作图表、地图等，以便观察规律，发现潜在的对应关系，直观地了解数据深层次的关联性。常用的可视化图表包括分析各种冲击地压监测数据所用的柱状图、曲线图、折线图和散点图等。

(2) 趋势预警

趋势预警是风险可量化的重要体现，对于某个系统，其处于正常状态的时间将占其总运行时间的绝大部分，统计与系统运行具有因果关系的某指标数值频次，其占比最多的数值范围即描述该系统正常状态的标准范围。

在进行具体数值危险等级划分时，以众数（频次出现最多的值）为等级划分起始点，认为当该指标的新数值偏离正常区间较多时系统出现异常，依据偏离程度对危险等级划分，如微震趋势预警指标。

(3) 分级预警

分级预警是风险可量化的重要体现，以钻屑法监测临界指标为例，对于同一监测钻孔，不同钻孔深度设置不同的预警指标，见表 5-2。若钻屑检测超过警示值，通过超前采取卸压措施，降低应力集中程度，可有效降低预警次数。

表 5-2 钻屑法临界预警指标(以某工作面为例)

钻孔深度/m	1	2	3	4	5	6	7	8	9	10	11	12	13	14	15
临界煤粉/kg		3.3				6.2			7.3				9.4		

(4) 规律总结

规律总结是风险可量化的关键技术支撑,通过对动压影响范围、采掘影响规律、推进速度关系等,确定超前支护影响强度及范围、采掘头面安全距离等。

5.1.5 矿井管理示范化

为了认真贯彻落实《国务院安全生产委员会关于进一步贯彻落实习近平总书记重要指示精神坚决防范遏制煤矿冲击地压事故的通知》(安委〔2020〕6 号),按照《关于进一步加强煤矿冲击地压防治工作的通知》(矿安〔2020〕1 号)、《山东能源有限集团公司关于加快推进冲击地压防治示范矿井建设的指导意见》(山能集团发〔2021〕37 号)相关要求,牢固树立冲击地压灾害超前防治理念,深化煤矿冲击地压灾害防治工作,研究、试验、推广先进技术、装备,积极开展冲击地压防治典型示范矿井建设和智能化建设,建成"管理体系健全、采掘部署优化、防冲装备先进、监测预警可靠、精品工作面创建"的冲击地压防治示范化 5A 矿井。坚决守住冲击地压重大灾害管理安全红线,有效防范和坚决遏制冲击地压事故。

示范化矿井建设 5A 管理理念包括:

(1) 方针:安全第一、预防为主、综合治理;

(2) 原则:区域先行、局部跟进、分区管理、分类防治;

(3) 手段:精细化、标准化、信息化、智能化;

(4) 标准:机理清晰、体系健全、素质优良、装备先进、支护可靠、系统完善、管理精细、治理有效;

(5) 目标:全面提升矿井防治冲击地压安全管理水平,创建防治冲击地压示范化 5A 矿井。

5.2 源头风险管控

源头风险管控是安全风险预防理念的革新,要求将风险预防重心进一步下沉、关口进一步前移,从"根"上预防和治理风险,防微杜渐、防小变大。将"源头风险管控原则"写入法律,其实际效果是将源头风险管控这一"工作原则"上升为"法定原则",使源头风险管控从"工作要求"变成"法定义务"。

根据冲击地压扰动响应失稳理论,冲击地压发生的内因是煤岩体的冲击倾向性,外因是煤岩体上作用的岩体应力,即只要岩体应力达到临界应力,在扰动下就会发生冲击地压。防范冲击地压事故源头管控的原则就是降低围岩应力,其主要降低应力的方法如图 5-9 所示。

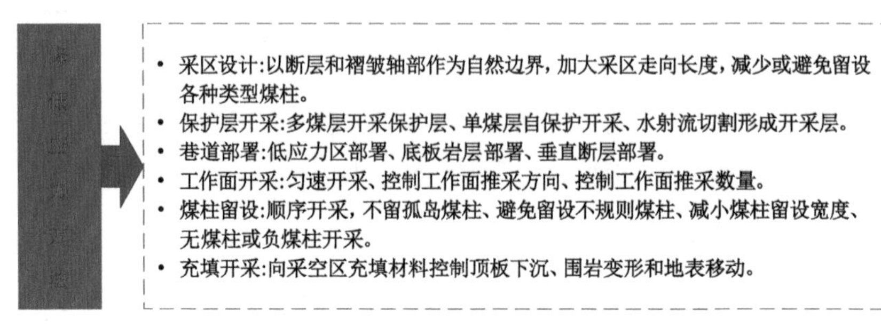

图 5-9　煤岩层采动应力降低方法

冲击地压主要影响因素为地质因素和开采技术因素,其中地质因素为客观因素,部分因素只能弱化,很难大范围改变,因此冲击地压区域防治的主要技术对策为调整开采布局、优化工作面设计、加强监测分析以降低冲击风险,区域范围冲击地压防治对策如图 5-10 所示。

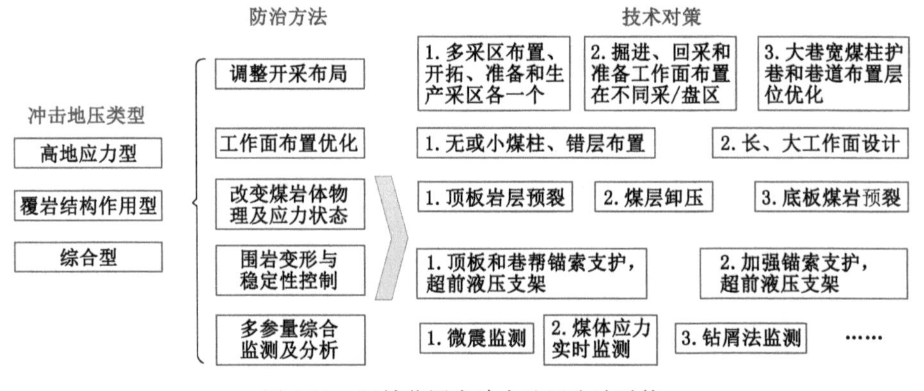

图 5-10　区域范围内冲击地压防治对策

(1) 优化开拓布局、采掘接续、工作面设计,避免设计不合理造成冲击风险升高。

依据区域内方案设计的重视程度、投入时间、设计方法和其重要性匹配程度,将其区域设计进行分级审查,并组织专家协同会审,以评估开拓布局和采掘工作面方案设计,以确保方案设计的合理性,降低冲击危险,从而抓住源头管控,达到区域防治冲击地压的目的,方案设计评估流程如图 5-11 所示。

(2) 完善防冲评价设计审查流程,确保评审质量。

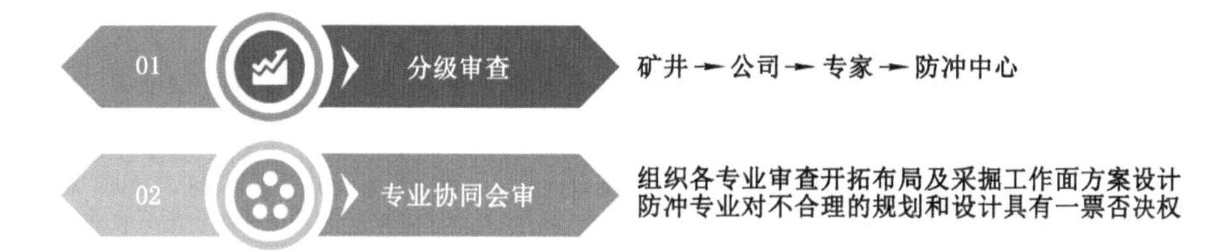

图 5-11　区域设计方案评估流程

兖矿能源建立矿井、二级公司、专家组、能源集团四级审查机制，流程如图 5-12 所示，以保障防冲技术报告编审质量。

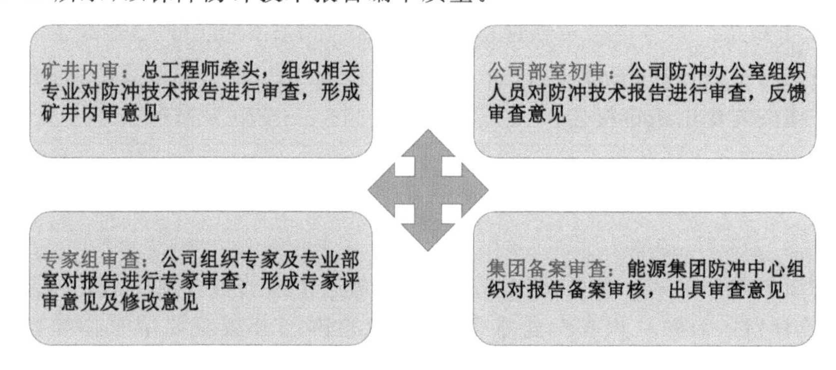

图 5-12　防冲评价设计四级审查流程

(3) 规范防冲措施编制，严格现场落实。

为了更好地规范防冲措施编制流程，矿井防冲专业会组织进行防冲技术资料学习，提高技术人员的业务素质，学习情况留档备查；公司组织开展规程措施评比，编制质量较高的规程、措施以推广学习；公司组织开展防冲技术资料专项检查，规程措施编制较差的通报考核。

① 技术文件编制遵从小从大，下遵上，可严不可松的原则，做到局部与整体、下级与上级结论的一致性，把握好共性与个性、普遍与特殊之间的关系，做好衔接。

② 采掘工作面作业规程中必须设置防冲专章。明确冲击危险性评价结论及冲击危险区域划分、监测预警、卸压治理、效果检验、安全推进速度、限员管理措施、安全防护方法及避灾路线等内容。

③ 矿井、采区、工作面防冲设计及作业规程、防冲专项措施审查一律集中会审，不得采取传阅方式审查。

④ 批复文件时应对技术文件关键内容、主要结论、专家意见批复确认，结合实际形成可操作的实施意见。

(4) 严格管控方案设计修编,确保方案设计的严肃性。

因现场生产条件发生变化、防冲规章条款变更或其他原因需要修订的,如评价报告主要结论没有发生变化,需要委托原编制单位对部分内容修订,编制修订说明,加盖单位公章,经原评审专家组长签字,报二级公司批准后实施。

符合公司规定的五种修编条件:

① 开采布局、工作面布置及接续发生变化的;

② 巷道布置、采煤方法、周边采空关系、煤柱留设等发生重大变化的;

③ 工作面断层、褶曲等地质构造发生重大变化,影响冲击危险性评价结果;

④ 巷道掘进和工作面回采过程中动力显现特征与评价结论明显不符的;

⑤ 上级部门责令要求重新评价的。

需要重新进行冲击危险性评价及防冲设计或作出补充评价及防冲设计的,二级公司按流程组织审批。

5.3 冲击风险动态分析

冲击危险评价结果的可靠性取决于开采前所了解的各种地质信息和开采信息,以及评价人员的认识和专业水平,冲击危险静态分析主要用于指导监测方案、卸压措施的制定与实施。然而,由于煤矿井下条件的复杂性和隐秘性,在煤层开采前进行的理论分析和计算,其结果往往与实际情况有较大偏差,而且这种基于理论分析的静态评估方法难以实时反映井下地质条件与开采条件变化。特别是目前对冲击地压机理的认识还是很不充分的,理论计算就更难以反映实际情况。

因此,冲击危险动态实时分析对于判定危险情况具有重要意义。通过对各类监测数据进行动态分析,辨识其中蕴含的冲击危险信息,及时调整和优化采掘速度、支护强度及卸压施工,可实现低应力条件下的采掘活动。

防冲数据分析主要用于辨别、分析管控风险,主要包含数据的收集、处理分析、应用三个环节。对于数据分析来说,数据的收集和处理分析是其中至关重要的环节。

(1) 数据收集

数据收集是研判冲击危险的基础,现场数据主要包括监测数据、工程数据、采掘数据、现场数据,如图 5-13 所示。

(2) 数据分析

防冲数据分析主要用于辨别、分析、管控风险,主要包含数据的收集、处理分析、应用三个环节,其中数据处理是数据分析的前提。需要从全方位、深层次、多

- 监测数据
  - 微震：时间、频次、能量、层位、平面位置、波形参数（频率、振幅、持续时间……）
  - 应力：变化曲线、安装位置
  - 钻屑量：施工时间、位置、煤粉量、颗粒度、动力现象、用时长短
  - 地音、高精度……
- 工程数据
  - 卸压孔：施工时间、位置、煤粉量（估算）、颗粒度、动力现象、用时长短
  - 爆破：施工时间、位置、炸药量、爆破能量
- 采掘数据
  - 开采：巷道布置、采空区、老巷、采掘速度、进尺、工作面位置、支护状态
  - 地质：断层（类型、走向、倾角、落差）、褶曲（类型、幅度等）、顶底板岩性、煤层特征
- 现场数据
  - 宏观现象：震动或煤炮（强度、频次、位置）、围岩变形、卸压孔状态（塌孔率、单孔塌孔长度）
  - 现场生产组织、地质条件的动态变化

图 5-13　数据收集类型

角度出发，对数据进行分析，如图 5-14 所示。

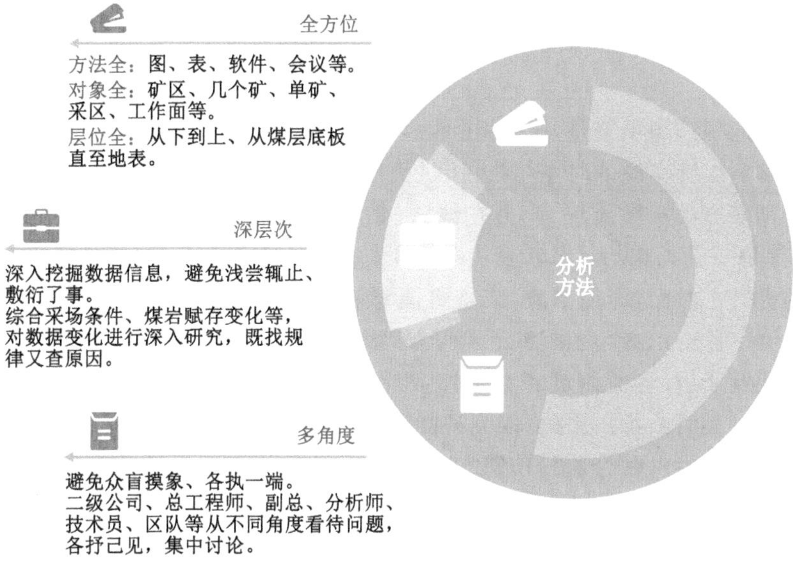

全方位

方法全：图、表、软件、会议等。
对象全：矿区、几个矿、单矿、采区、工作面等。
层位全：从下到上、从煤层底板直至地表。

深层次

深入挖掘数据信息，避免浅尝辄止、敷衍了事。
综合采场条件、煤岩赋存变化等，对数据变化进行深入研究，既找规律又查原因。

多角度

避免众盲摸象、各执一端。
二级公司、总工程师、副总、分析师、技术员、区队等从不同角度看待问题，各抒己见，集中讨论。

分析方法

图 5-14　现场监测数据分析方法

（3）数据分析过程管控

① 建立日分析、周会商、月总结制度。

及时总结采掘工作面冲击地压规律；对特殊地点、重点区域、新采区首采工作面、防冲新工艺、安全推采速度等进行防冲专项分析，编写专项分析总结报告；

有冲击危险的采煤工作面及重点掘进工作面结束后30天内完成防冲总结报告，报上级公司备案。

② 建立分中心、矿井联动防冲分析制度。

当冲击地压矿井监测到以下预警情况时，冲击地压矿井上报二级公司、防冲分中心，二级公司组织分析，且防冲分中心、矿井及总工程师参加，形成分析报告，提出综合治理措施。a. 应力在线预警或钻屑法检测判定有冲击危险的；b. 同一区域多个卸压孔出现顶钻、卡钻、吸钻、煤炮等动力现象或单孔出现孔内冲击的；c. 监测的微震事件能量达到超限指标或矿震震级（地震局发布）达到1.5级及以上的；d. 出现冲击（矿震）造成巷道破坏、设备损坏、人员伤亡事件的；e. 其他经判定有冲击危险升高情况的。

二级公司防冲中心开展重点管控工作面排查、应力异常区冲击危险性分析、大能量微震事件分析及跟踪冲击地压预警现场处置工作。根据上述分析，二级公司、防冲分中心下达督办通知单、风险告知单，矿井组织风险等级评价并制定管控措施，上报二级公司，防冲中心备案，矿井落实管控措施，定期开展冲击危险分析。

5.4 冲击地压监测监控

冲击地压监测预警是开展冲击地压解危工作的前提，而监测预警水平直接决定了解危工程实施的时空精准度，进而影响灾害治理效果。目前，我国冲击地压监测预警方法从微震法、应力在线法、钻屑法、地音法、电磁辐射法及震动波CT法等单一手段监测逐级转变为多参量、多尺度综合监测，预警效能得到一定程度的提升。然而，即便如此，该监测预警领域仍存在诸多亟须解决的问题，但是该监测手段的选择与匹配缺乏科学的理论指导、不同监测设备给出的预警结果可能相互矛盾、各监测设备数据库彼此独立等，从而导致日常监测预警任务重、难度大、耗时长等。因此，以兖矿能源下属复杂类型冲击地压矿井为背景，采用冲击地压多参量联合监测预警方法研究、监测监控平台系统开发和现场实践，探索新形势下冲击地压监控预警新模式。

5.4.1 冲击危险监测技术与方法

根据动静载叠加诱冲机理，冲击危险监测主要考虑对震动场、应力场和能量场进行监测，其中，震动场主要监测高应力条件下煤岩破裂等动态响应（微震监测、地音监测和电磁辐射监测）；应力场主要监测应力作用下煤岩变形反应，包括相对应力监测（应力在线、钻屑法）、地应力监测（应力解除法、水力压裂法等）、地球物理监测（震动波主动CT和被动CT监测等）；能量场主要监测高应力条件下煤岩损伤累计程度的相对度量,包括冲击变形能、总能量和最大能量。通过构建上述典型的"三场"监测体系模型,形成冲击地压区域与局部相结合的监测预警体系,如图 5-15 所示。

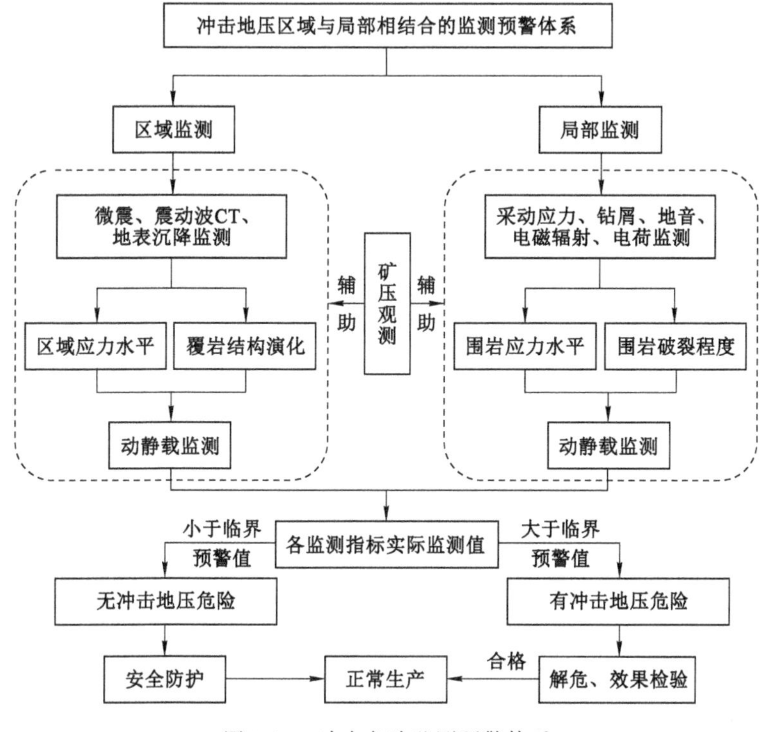

图 5-15　冲击危险监测预警体系

(1) 微震监测系统

兖矿能源所属矿井采用的微震监测系统型号有 ARAMIS、SOS 和 KJ551 等,微震法是通过记录采矿震动的能量,确定和分析震动的方向,对震中定位来评价和预测矿山动力现象,微震监测系统如图 5-16 所示。其主要功能是对全矿范围进行微震监测,自动记录微震活动,实时进行震源定位和微震能量计算,为评价全矿范围内的冲击地压危险提供依据。

微震监测法适用于大范围区域性冲击地压监测,对各种地质条件下和各类型的冲击地压都有良好的使用性,可以根据观测到的微震能量水平、震动位置变化规律等捕捉到冲击地压危险信息,并进行冲击危险性预测预报。

对于区域微震监测系统监测事件频次、能量明显偏低的采煤工作面,增加局部高精度微震系统,以弥补区域微震的监测盲区,提高震动场监测能力。对于鄂尔多斯矿区近水平煤层矿井,为了提高坚硬顶板矿震定位精度,兖矿能源研制了

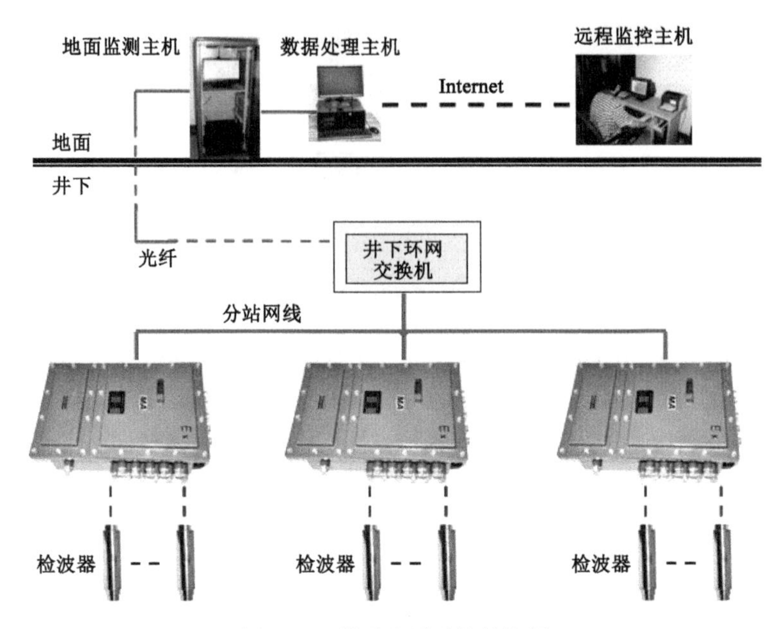

图 5-16 微震监测系统结构图

SOS 矿震井地一体融合监测系统，大幅度降低了定位误差，取得了较好的应用效果，具体如附录 B 所示。

(2) 震动波 CT 反演

理论和试验研究表明煤岩体中震动波波速与应力呈正相关关系，通过反演矿震震动波波速分布，确定采掘空间围岩中的应力分布特征，辨识高应力区和应力梯度变化区。研究确定矿震震动波速异常、波速梯度异常和应力集中系数 3 个矿震震动波 CT 预测指标，建立冲击危险区域预测预警模型和判别准则，可实现冲击动力灾害危险区域的空间预警，如图 5-17 所示。该方法通过反演采掘区域内波速，进而反映应力分布状态，其反演流程如图 5-18 所示。其理论基础是岩石在应力作用下所引起的震动波波速的改变。当震动波传播通过工作面煤岩体时，煤岩体上所受的应力越高，震动传播的速度就越快。

震动波 CT 适用于被探测目标体与周边介质存在波速差异、成像区域周边至少两侧应具备钻孔等探测条件、被探测目标体应相对于扫描断面的中部，其规格大小与扫描范围具有可比性等。

冲击危险预测预报是以煤岩体中的应力分布状态和应力集中程度为基础的。震动波异常指标表达式为：

$$A_n = \frac{V_p - V_p^a}{V_p^a} \tag{5-1}$$

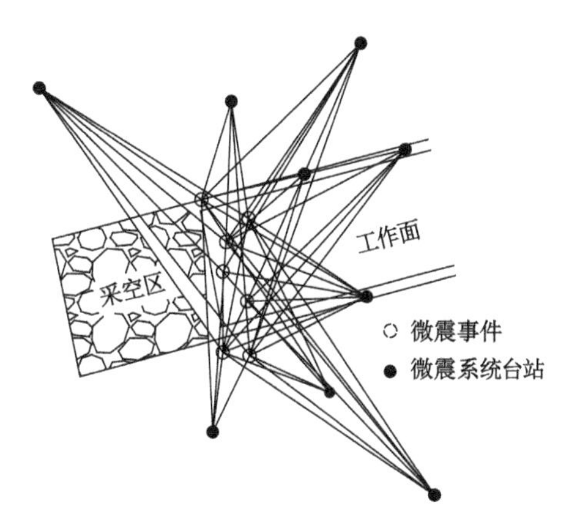

图 5-17　震动波 CT 监测示意图

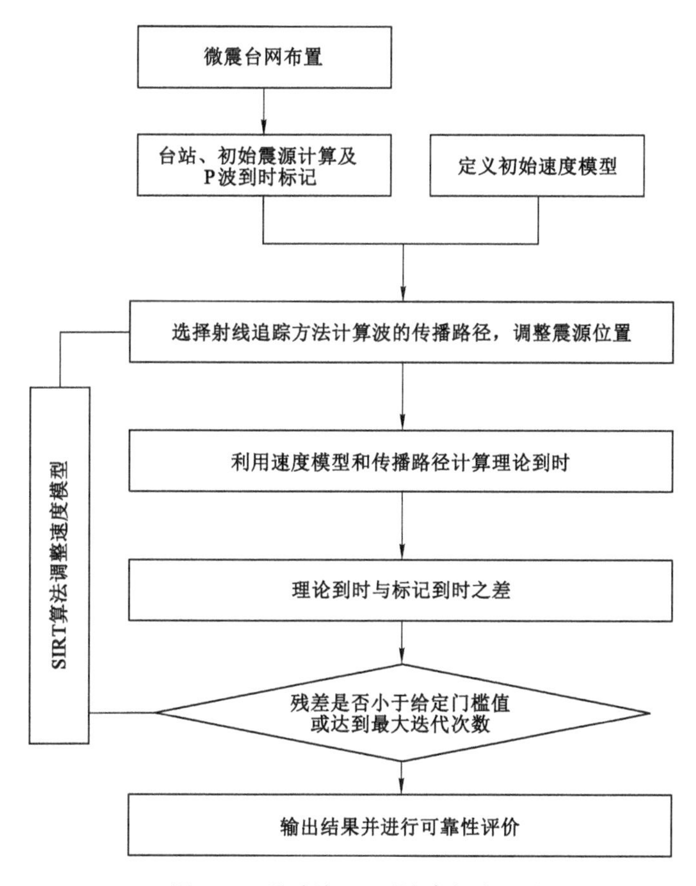

图 5-18　震动波 CT 反演求解流程图

式中 V_p——某一点反演后的纵波传播速度；

V_p^a——反演后整个模型纵波速度的平均值。

由波速正、负异常变化与应力集中程度之间的对应关系可确定采掘期间采用震动波 CT 反演区域的冲击危险程度。

(3) 应力在线监测系统

基于当量钻屑法的基本原理和多因素耦合的冲击地压危险性确定方法，研制了能够实现准确连续监测和实时预警的监测系统。采用应力监测法进行监测时，应当根据冲击危险性评价结果，确定应力传感器埋设深度、测点距离、埋深时间、检测范围、冲击地压危险判别指标等参数，实现远距离、实时、动态监测，应力在线监测预警系统结构如图 5-19 所示。

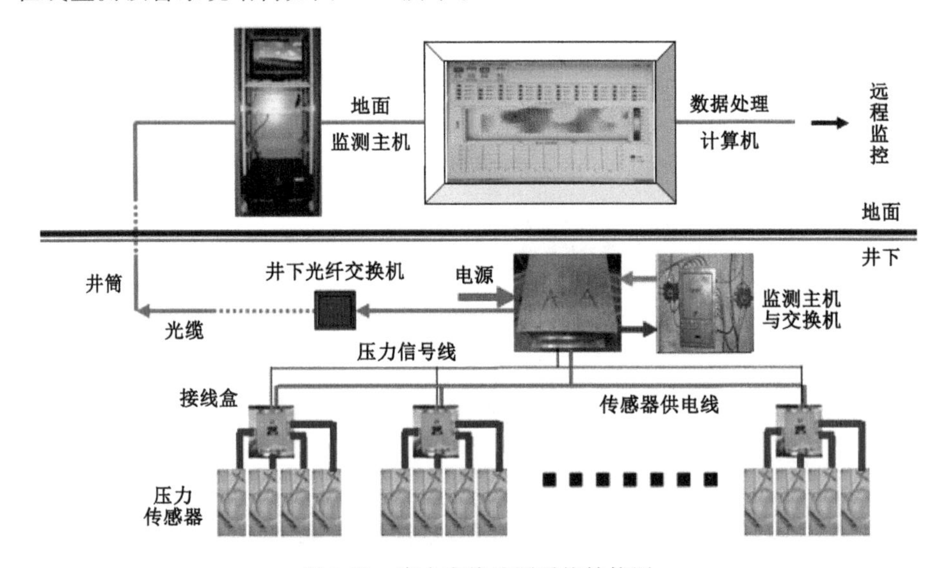

图 5-19 应力在线监测系统结构图

由于应力在线监测系统监测的是应力的变化趋势，对于自发型冲击的震源在采掘工作面附近，应力在线监测能够实施可靠的监测与控制，如底板冲击、直接顶或基本顶引起的冲击等，其采掘活动期间系统监测布置如图 5-20 所示。然而，对于远场震动引起的冲击地压，采用该系统可能监测不到应力的变化，效果差，诱发型冲击地压的震源远离采掘工作面，在采掘工作面附近难以实施可靠的监测和控制。

(4) 钻屑法监测

钻屑法监测的理论基础是钻出煤粉量与煤体应力状态具有定量关系，如图 5-21 所示。采用钻屑法进行局部监测时，钻孔参数应该根据实际条件确定。

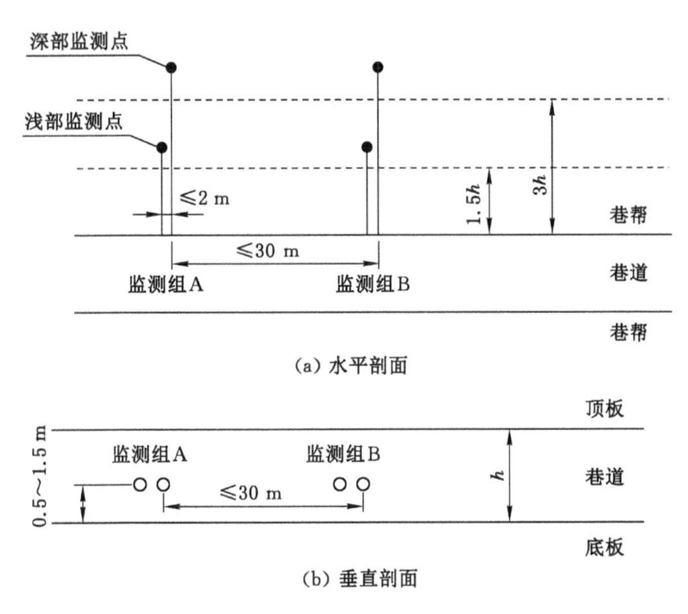

图 5-20　采掘期间巷道帮部应力监测测点布置

记录每米钻进时的煤粉量,达到或超过临界指标时,判定为有冲击地压危险;记录钻进时的动力效应,如声响、卡钻、吸钻、钻孔冲击等现象,作为判断冲击地压危险的参考指标。

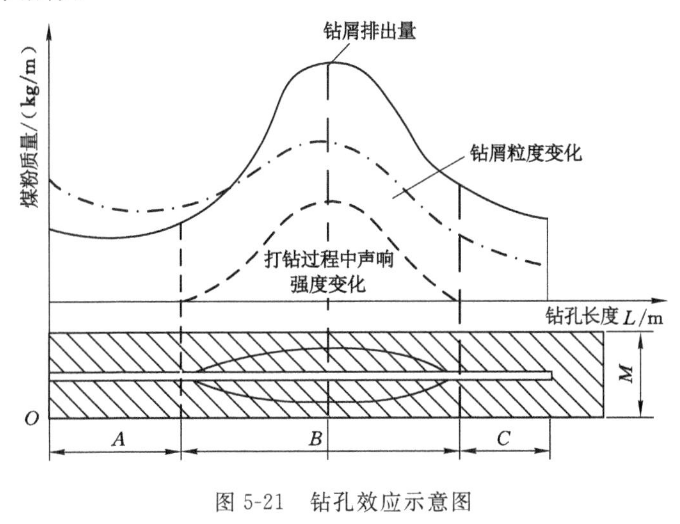

图 5-21　钻孔效应示意图

煤岩体冲击危险钻屑法监测预警主要包括三个预警指标:钻屑量指标、距离指标及动力效应。根据《防治煤矿冲击地压细则》《山东省煤矿冲击地压防治办法》《防治煤矿冲击地压管理规定》等，采掘期间冲击地压钻孔监测布置如图 5-22 和图 5-23 所示。

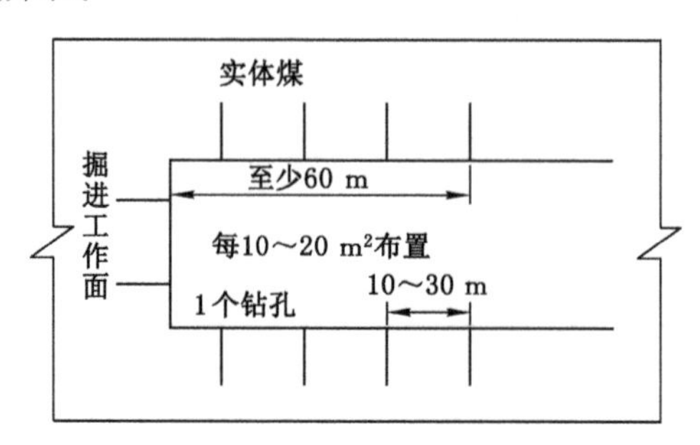

(a) 掘进工作面和掘进巷道

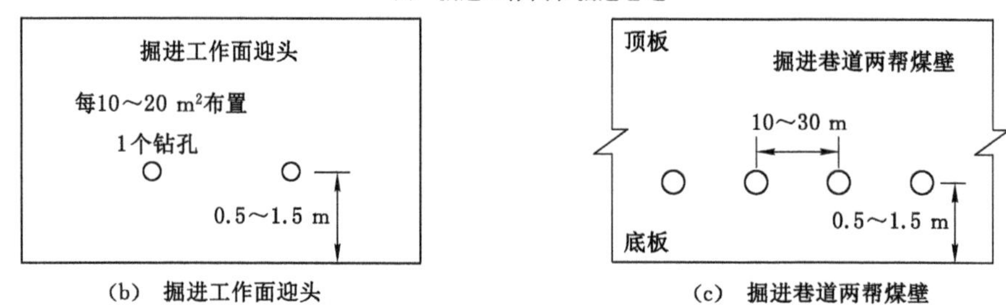

(b) 掘进工作面迎头　　(c) 掘进巷道两帮煤壁

图 5-22　掘进期间钻孔监测布置图

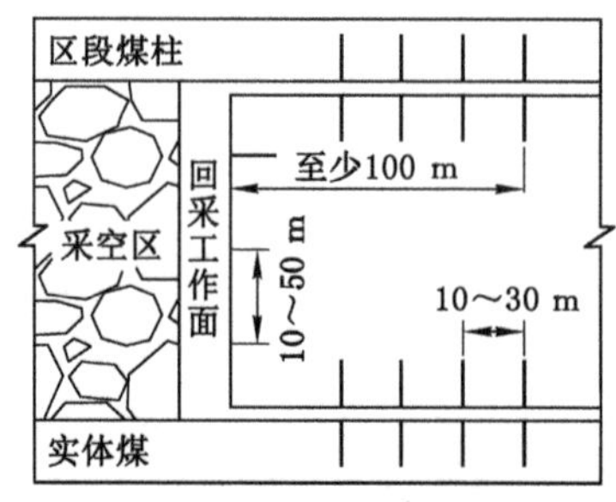

(a) 回采工作面和回采巷道

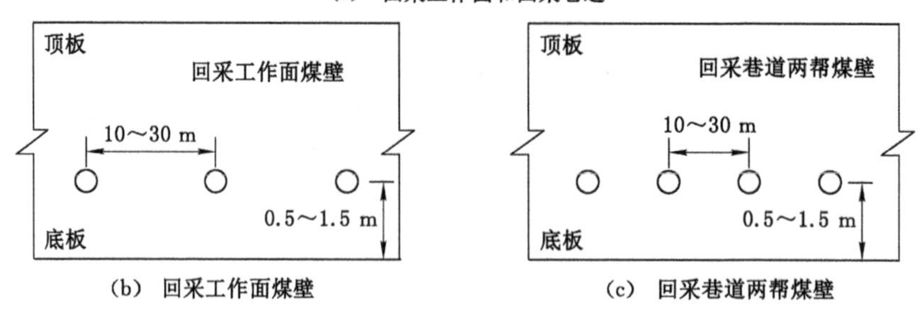

(b) 回采工作面煤壁　　(c) 回采巷道两帮煤壁

图 5-23　回采期间钻孔监测布置图

(5) 地音监测系统

地音监测是对采掘工作面扰动区域进行监测,收集并整合在开采过程中产生的事件数、能量值的平均值、延时等地音参量,获取地音活动规律,以此判断开采过程中的危险等级。通过对巷道两侧围岩在采动过程中产生的采动能量的释放进行长期监测,分析煤岩体活动规律,进而提前预测产生冲击危险的可能性,达到提前预警的目的,以指导煤矿安全高效生产,地音监测系统结构如图 5-24 所示。

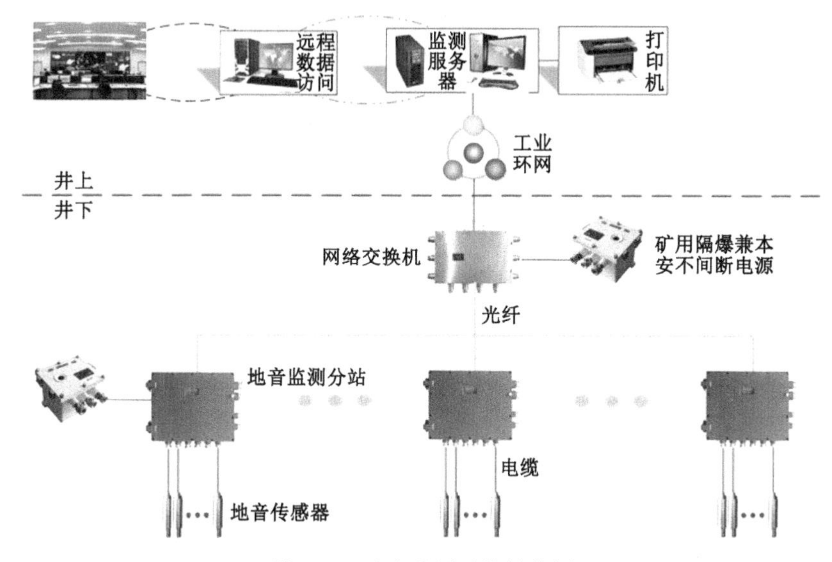

图 5-24　地音监测系统结构图

根据现场需要分别在回采工作面和掘进工作面采用地音监测系统以监测不同采掘条件下的地音事件。选取安装地点时,为保证接收到地音信号的完整性和正确性,尽量避免安装在断层、煤层尖灭或分叉、老巷、穿层巷道等阻尼大的地方,具体监测布置如图 5-25 所示。

(6) 电磁辐射

电磁辐射是煤岩体在载荷作用下对应力的一种电磁辐射响应,是一种能量释放。煤岩体在应力作用下,煤岩体内部介质会产生变形,煤岩介质颗粒之间会产生相对运动,在相互的摩擦以及变形过程中煤岩体的应变能会促使煤岩体中的电子跃迁从而产生电磁辐射。电磁辐射的强度及频次反映了煤岩体内部变形和滑移强度,而煤岩体的变形、滑移强度正好是煤岩体所受应力以及变化的一种反映,从而电磁辐射的强度间接反映了煤岩体应力及其变化。煤岩体所发生的动力灾害是煤岩体对其所受应力的一种响应,煤岩体所受应力越高,变化越快,煤岩体动力灾害危险程度越高,电磁辐射监测仪如图 5-26 所示。

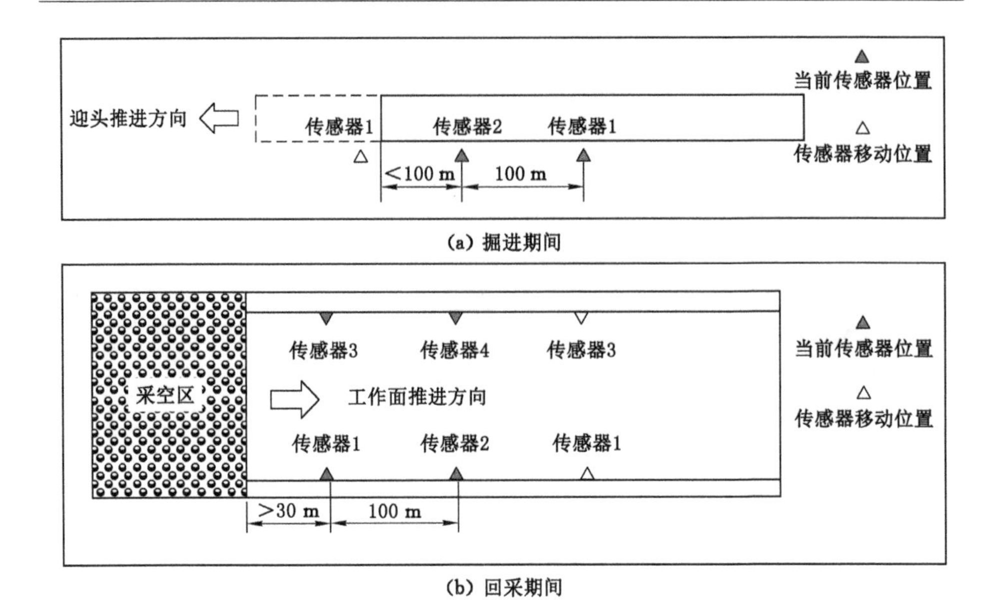

图 5-25 采掘期间地音监测系统测点布置图

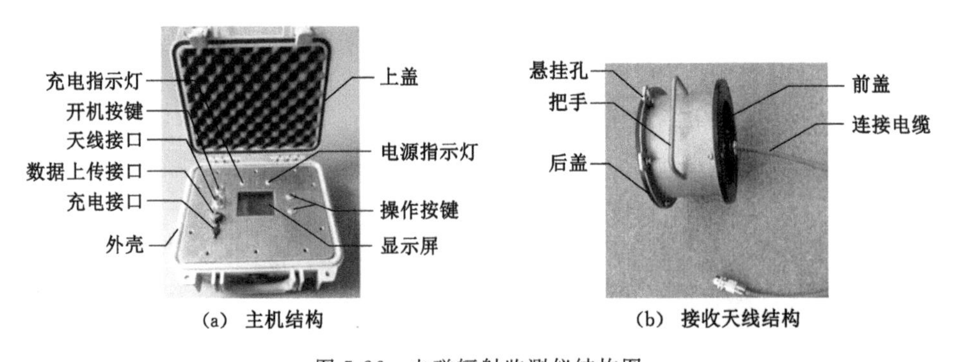

图 5-26 电磁辐射监测仪结构图

电磁辐射监测仪的主机将数据存储在仪器中，监测完成后，连接上位机，将数据导出，并利用软件进行分析。监测仪的监测指标主要为：电磁波强度极大值、电磁波强度平均值、电磁波脉冲数，其中电磁波强度主要反映了被测对象的辐射强度，脉冲数主要反映了被测对象的辐射频次。煤矿采掘生产诱发冲击的电磁辐射监测如图 5-27 和图 5-28 所示。

5.4.2 矿井冲击地压多参量监测预警平台

兖矿能源所属冲击地压矿井已经安装了监测预警平台，从平台现场初期使

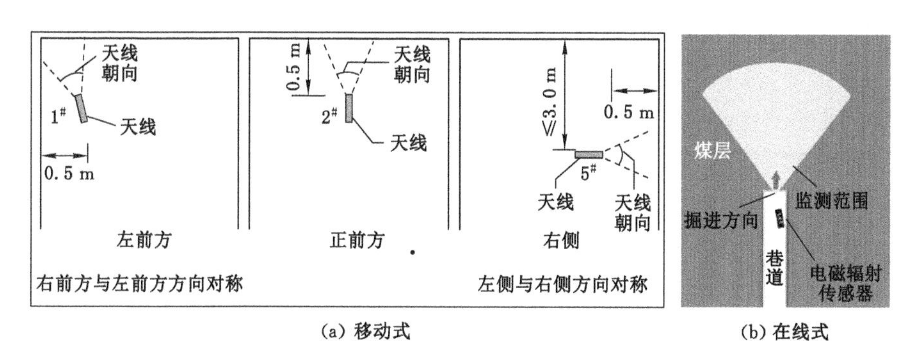

图 5-27　掘进工作面电磁辐射监测点布置

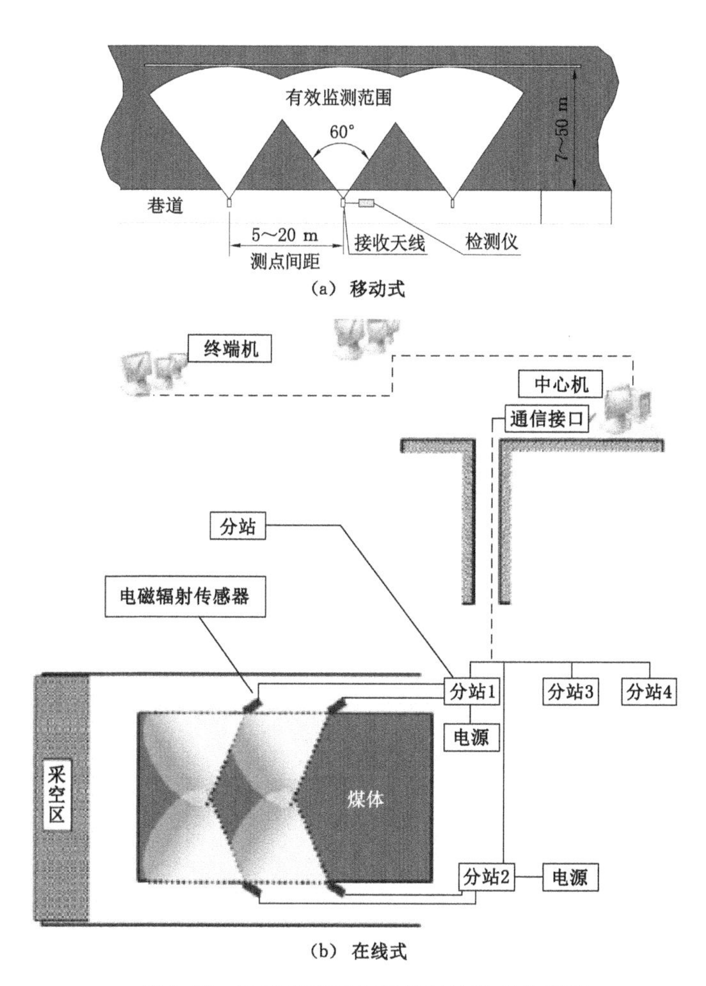

图 5-28　回采工作面电磁辐射监测点布置图

用情况来看，部分矿井安装预警平台后，各参量监测数据未能在冲击地压综合预警、规律分析、危险性评价等环节中得到充分利用，导致平台与现场实际防冲应用结合程度不高，综合预警准确率不高。因此，兖矿能源开展了冲击地压多参量监测预警方法研究，建立了预警指标体系，开发了平台系统，有效遏制了冲击地压事故的发生。

5.4.2.1 冲击地压多参量监测预警方法

(1) 基于冲击地压监测预警的监测分区

为了提高冲击地压监测预警的准确性，解决预警空间域的划分，实现“分类预警”，提出了冲击地压监测大分区与小分区。冲击地压监测大分区为测区划分，以单个掘进工作面、单个回采工作面或上下山/大巷等为单位进行划分，大分区监测预警主要体现区域性整体冲击危险性，可以根据该区域冲击地压发生的类型、影响因素等，选择监测参量，配置预警权重和预警指标。冲击地压监测小分区为局部监测分区，主要按照有扰动与无明显扰动进行划分，预警的区域以实测数据空间位置为坐标，在设定的“时间域、空间域”内进行冲击地压多参量联合监测预警，注重体现局部区域的冲击危险性。冲击地压监测大分区与小分区划分及关系如图 5-29 所示。

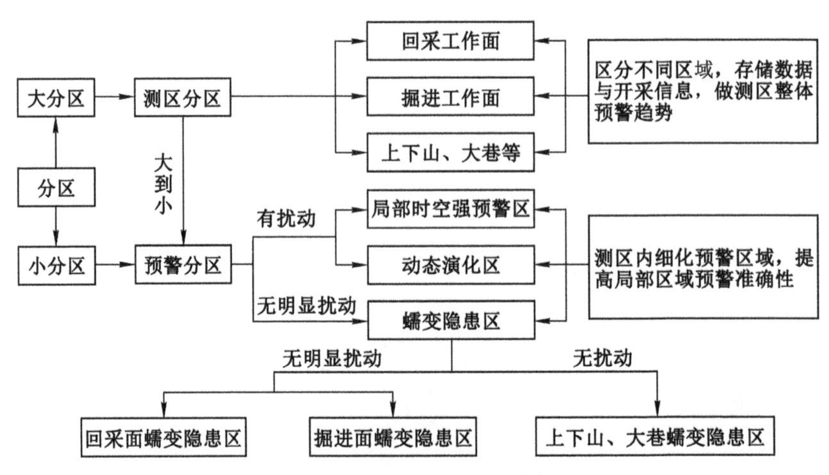

图 5-29 “分类预警”指导下的监测区域划分

(2) 冲击地压多参量监测预警算法及指标体系

多参量预警算法主要针对致灾诱因的多源数据类型和多参量预警指标的相互配合机制两方面开展。

① 全面的多源数据类型及基础指标。

多参量预警的基础是海量信息，传统多参量预警通常以煤层应力、微震等监测数据为主，而忽略了与冲击地压相关的地质条件、开采信息、卸压施工信息等。算法体系中数据集成类型分为“资料信息”“开采信息”和“监测信息”三大类16种基础指标。

② 常规预警与特殊条件预警相结合的预警机制。

预警机制采用常规预警与特殊条件预警相结合的方式进行设计。常规预警模型对16项指标采用权重法进行耦合计算，首先根据基础指标对于冲击危险的表征程度分配权重系数 K，以微震监测指标为例，对表5-3中编号为4～8的5个微震基础指标进行归一化权重分配，得到微震监测预警指标 I_{wz}，采用相同的方法对其他类型数据进行处理。然后根据不同类型数据对冲击危险性影响程度进行权重 K 值分配，最终得到监测区域的整体危险程度，见式(5-2)。常规预警指标计算的数据类型、指标全面，其预警结果反映监测区域的整体冲击危险性。

表5-3　数据类型与基础指标分类

数据分类	基础指标
资料信息指标	1. 冲击危险性评价指标； 2. 水文条件指标
开采信息指标	3. 采掘强度指标
微震监测指标	4. 微震日最大能量事件能量异常率指标； 5. 微震日事件总能量异常率指标； 6. 微震吨煤能量释放率指标； 7. 微震日事件总频次异常率指标； 8. 微震日大能量事件频次指标
煤层应力监测指标	9. 测点应力值指标； 10. 测点应力增幅值指标； 11. 测点应力增速值指标
支架阻力监测指标	12. 支架阻力揭示的来压状态指标
钻屑量监测指标	13. 钻屑量监测指标
地音监测指标	14. 地音能量异常率指标； 15. 地音频次异常率指标
顶板离层监测指标	16. 顶板离层监测指标

$$I_{cg}=K_1I_{pj}+K_2I_{sc}+K_3I_{yl}+K_5I_{wz}+K_6I_{zj}+K_7I_{zx}+K_8I_{dy} \quad (5\text{-}2)$$

特殊条件预警是对常规预警方法的补充，规避了极端异常指标在权重法体系下被淹没的特殊情况，如石拉乌素煤矿冲击地压的发生主要受多层厚硬砂岩悬臂梁结构影响，在厚硬砂岩断裂时产生大能量微震事件。微震大能量事件是厚硬岩层断裂、运动的表征参量之一，因此，大能量微震事件发生时可直接触发特殊条件预警，可对常规预警进行有效补充，提高预警针对性，特殊条件预警算法的判别流程如图 5-30 所示。

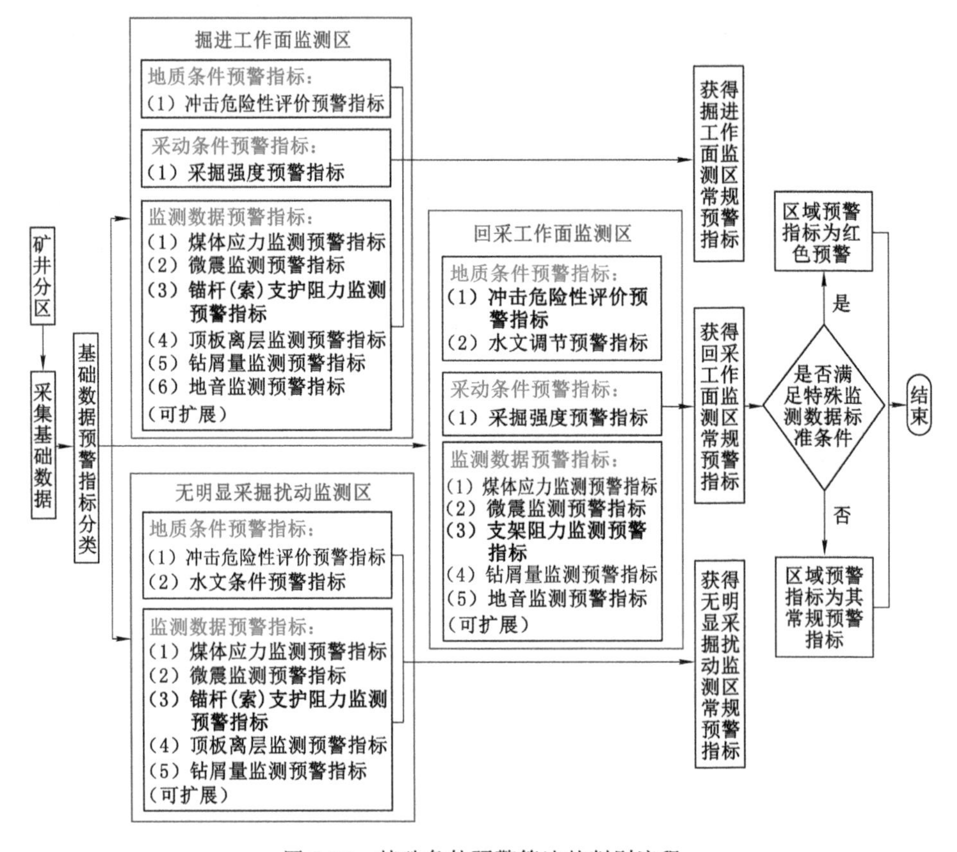

图 5-30 特殊条件预警算法的判别流程

5.4.2.2 监测预警平台开发

(1) 平台系统构建

针对兖矿能源自身条件，补充与优化了平台系统的构建内容，主要包括数据库建设、数据信息标准化建设、风险动态分析模型建设、大数据挖掘与分析、风险指标体系与管控建设，如图 5-31 所示。

(2) 基于多维度监测分析的平台功能设计

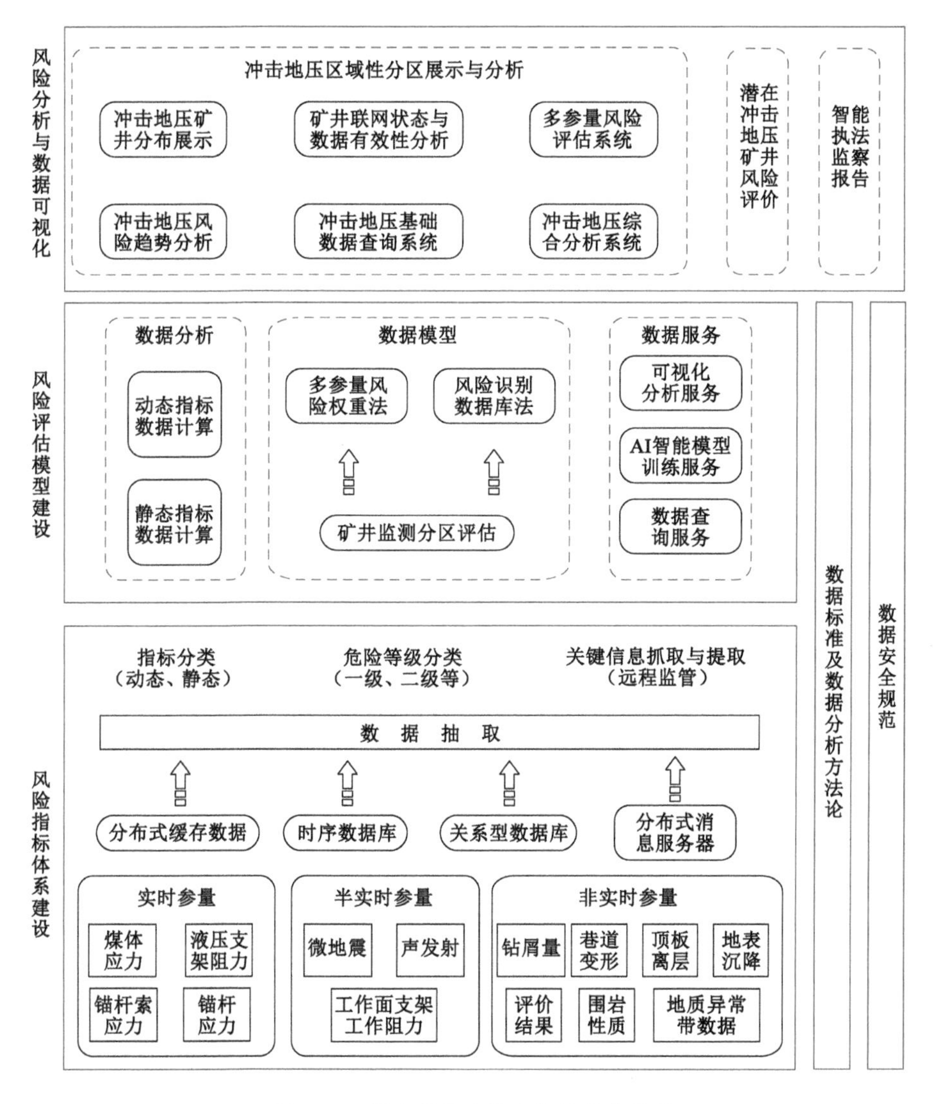

图 5-31 平台系统建设内容及技术体系

为了充分挖掘监测数据，提高数据利用率，提出了空间上井上与井下、时间上静态与动态数据、强度上采掘速度与预警指标、管理上预警与处置的四维数据分析理念。

空间维度上，实现井上与井下监测范围的全覆盖，自地表至采场空间范围内所有冲击地压影响因素对应的监测参量均需要参与预警，数据分析与展示需要同时考虑地表沉降、覆岩断裂运动（微震事件、顶板离层）、煤体应力变化（煤层钻孔应力监测）、巷道围岩变形（变形量监测）、围岩应力变化（锚杆索应力）等，并根据不同测区的致冲原理，分配不同监测参量的预警权重系数。

时间维度上，实现静态与动态数据的全覆盖，平台系统定期录入与更新测区冲击危险性评价结果、煤层厚度、覆岩分布、地质构造、水文条件等静态数据。在此基础上，对应地将微震、钻孔应力、锚杆索应力、钻屑量、地表沉降、突水等动态监测数据与静态数据进行耦合分析，从而实现采、掘过程中的冲击地压监测预警。

强度维度上，实现采（掘）工作面采（掘）速度与动态监测预警指标的联合分析。通过矿井上报的实际采掘信息与对应测区内各个单参量预警指标和综合预警指标的联合分析，可以确定不同测区内合理的采掘速度和采掘扰动影响范围，进而确定测区及矿井合理的开采强度。

监控与管理维度上，通过平台系统对"预警→上报→处置→现场实施→监测指标校验"的全过程监控与"留痕"备查，监控与管理出现漏洞时，平台系统在应用中自动提示，上报上级监控与管理单位，进而实现监控与管理上的智能研判。

5.4.2.3 监控预警平台功能介绍

以石拉乌素煤矿为例，结合四维冲击地压预警理念，对平台系统展示与分析软件升级，平台系统三维主界面主要由系统标题与菜单栏、三维矿区展示、监测区预警信息、系统图例和地质生产信息控制栏五大模块组成，如图 5-32 所示。

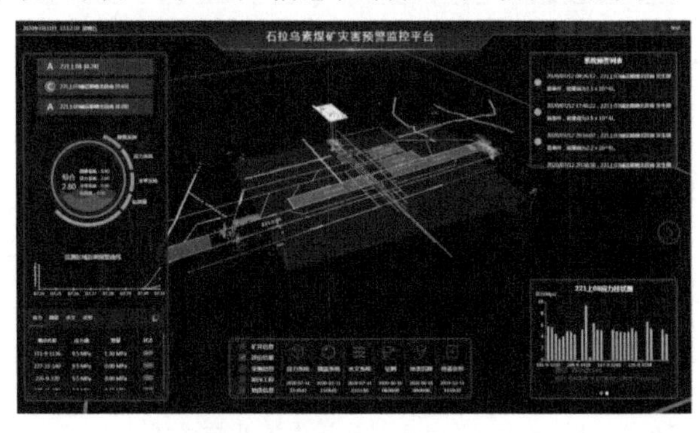

图 5-32　基于四维监测分析的平台系统软件主界面设计

系统标题栏模块，主要用于设置矿区信息、矿图、显示时间域、能量范围等参数。

菜单栏模块，主要包含预警处理及信息查询（未处理提示）、声光报警、2D 与 3D 界面切换和历史动态回放（某测区设置时间范围内的生产信息、静态数据、动态监测数据与预警结果的自动动画播放）。

三维矿区展示模块，可以实现矿井工业场地、开拓巷道、准备巷道、开采巷道、水文信息、岩层分布信息、评价结果、地表沉降监测、冲击地压在线监测（应力、微震、支架阻力等系统测点位置、运行情况及监测数据）、生产信息（采掘进尺）和现场施工信息（卸压、爆破、钻屑、支护）等全类型数据的三维展示，空间上自地表至井下全覆盖，时间上根据设置可动态查看。

测区预警信息模块，将矿井监测区域分为独立的预警单元，每个预警单元随着静态数据（评价、地质信息等）、动态监测数据（微震、应力、钻屑等）、生产信息和防治工程信息的变化而调整预警权重系数。

地质生产信息控制模块，主要用于地质信息（岩层分布、煤层条件、构造、水文等）、采掘信息（采掘进尺及空间位置）和现场工程信息（卸压钻孔、爆破、钻屑）的定期录入与更新，为分析确定合理开采强度、采（掘）面扰动影响范围、采掘面间安全距离与防冲规定的要求、预警与处置措施闭环管理等提供基础条件。

5.4.2.4 监控预警平台推广使用情况

以石拉乌素煤矿 $221_{上}$ 01 工作面为工程背景，可通过对某一特定监测区的地质开采条件特点的分析，进行定制化设置，提高系统普适性。$221_{上}$ 01 工作面平均埋深约 690 m，工作面斜长为 280 m，煤层平均厚度为 5.13 m，煤层单轴抗压强度为 22 MPa，顶板以硬厚砂岩组为主，工作面最大推进速度为 11.2 m/d。该工作面冲击地压主要受到厚硬砂岩悬臂、断裂和动载扰动影响，因此，应采用以微震大能量事件和应力突增指标为特殊条件预警的主要指标。

经动态监测数据与静态评价结果对比可知 $221_{上}$ 01 工作面动态监测数据与静态评价结果具有较高的一致性，即评价得到中等冲击危险区域的动态实测指标明显高于弱冲击地压危险区域，据此，以两类区域内各基础指标的异常程度作为权重系数的确定依据。工作面冲击地压危险区划分如图 5-33 所示。

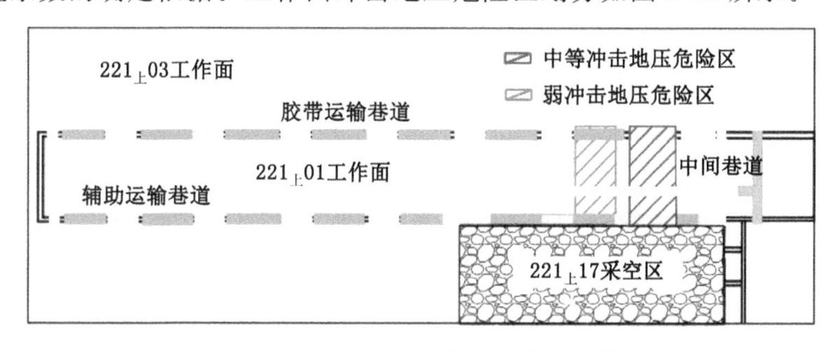

图 5-33 $221_{上}$ 01 工作面危险区划分

选取 $221_{上}$ 01 工作面中等冲击地压危险区（1 980～2 190 m）和弱冲击地压

危险区(1 830～1 980 m)实测数据进行对比分析,其中弱冲击地压危险区选取时间段为 2019 年 11 月 12 日至 2019 年 12 月 6 日,累计推进 138.9 m;中等冲击地压危险区选取时间段为 2019 年 12 月 20 日至 2020 年 1 月 13 日,累计推进 137.5 m,见表 5-4。

表 5-4　工作面危险区划分及回采时间统计

危险等级	距离开口/m	时间
中等冲击地压危险	(1 380,1 550) (1 730,1 830) (1 980,2 190)	2019 年 7 月 17 日至 2019 年 8 月 18 日 2019 年 10 月 27 日至 2019 年 11 月 11 日 2019 年 12 月 11 日至 2020 年 1 月 18 日
弱冲击地压危险	(1 550,1 730) (1 830,1 980)	2019 年 8 月 19 日至 2019 年 10 月 26 日 2019 年 11 月 12 日至 2019 年 12 月 10 日

对比相关的微震基础指标和应力指标在中等冲击地压危险区域和弱冲击地压危险区域的占比情况,得到各基础指标对冲击危险的实测变化量(其中微震日总能量的统计情况如图 5-34 所示),并根据变化量的占比情况进行归一化的权重分配(即某一基础指标权重系数 K 等于其自身变化量除以所有基础指标变化量的总和,其中变化量为负数的不参与计算),得到各指标权重系数,见表 5-5。采用同样的方法对其他基础指标进行统计分析,得到各基础指标权重系数,见表 5-6。

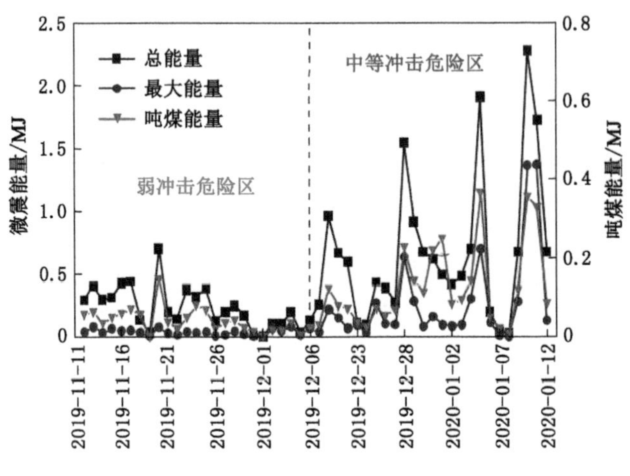

图 5-34　不同阶段微震日能量对比关系

表 5-5 不同危险区微震、应力预警指标对比统计

方法	基础指标	弱冲击危险区	中等冲击危险区	变化量/%	权重系数 K
微震监测	微震总能量/J	2.31×10^5	6.86×10^5	196.97	0.19
	微震总频次/次	69.68	36.8	−47.19	0
	微震吨煤能量释放/J	4.25×10^4	1.26×10^5	196.47	0.18
	微震大能量($\geqslant10^4$ J)事件频次/次	5.52	9	63.04	0.06
	微震最大事件能量/J	3.85×10^4	2.71×10^5	603.90	0.57
煤层应力监测	应力值指标/%	4.93	6.33	128.40	0.35
	应力增幅平均值/%	22.11	23.15	135.69	0.36
	应力增幅最大值/%	108.30	180.50		
	应力增速平均值/%	5.51	5.04	0.29	0.29
	应力增速最大值/%	52.44	63.81		

表 5-6 石拉乌素煤矿与赵楼煤矿预警参量的选择及其权重系数

矿井及工作面基础指标及 K	石拉乌素煤矿 $221_{上}$ 01 工作面	赵楼煤矿 7301 工作面
冲击危险性评价指标	0.50	0.70
水文条件指标	0.50	0.30
事件总频次异常率指标	0	0.35
事件总能量异常率指标	0.19	0.15
最大能量事件能量异常率指标	0.57	0.20
大能量(10^3 J)事件频次指标	0.06	0.15
吨煤能量释放率指标	0.18	0.15
测点应力值指标	0.34	0.30
测点应力增幅值指标	0.38	0.20
测点应力增速值指标	0.28	0.50

以赵楼煤矿 7301 工作面为例，工作面平均埋深约为 1 000 m，工作面斜长为 230 m。工作面具有典型的巨野煤田千米深井、特厚煤层、薄-中厚基岩、厚表土层等特点，采用以应力监测和微震监测为主的预警原则。采用与石拉乌素煤矿相同的权重系数确定方法，通过对一段时间的实测数据的分析，得到赵楼煤矿基础指标的权重系数，见表 5-6。据此，平台预警机制通过权重系数 K 值的调整及特殊条件预警的补充，可同时满足不同赋存条件下监测预警的需要，且预警权

重系数可应用AI智能模型训练进行自学习与调整。

平台系统经过在石拉乌素煤矿和赵楼煤矿的现场实践，应用了“常规预警”与“特殊条件预警”相结合的预警机制后，平台系统监测预警结果较原有预警算法准确，现场应用效果得到显著提高。

5.4.3 冲击地压大数据综合监管平台

随着互联网与计算机技术日新月异，煤矿行业自动化、大数据等服务水平迅速提升。在这个背景下，为贯彻“集中监督、全程监管、全员防治”的目标，兖矿能源建设了冲击地压大数据综合监管平台，强化管理、落实监督、规范煤矿冲击地压防治，对传统监管方式进行了优化升级，在煤矿安全生产监管中发挥了示范作用。

5.4.3.1 平台架构

冲击地压大数据综合监管平台在综合使用平台建设应用技术后，总体分为数据采集层、数据处理层和数据应用层三个部分。数据采集层由数据采集程序和信息上报客户端组成；数据处理层包括服务器集群、缓存服务器、空间GIS服务；数据应用层包括监管平台客户端、防冲中心大屏、信息推送系统和声光报警器。

数据采集程序用于实时采集煤矿监测系统类数据，比如应力、微震等；信息上报客户端主要用于获取进尺、矿图、防冲资料、防冲工程、煤矿防冲日报等现阶段无法自动采集的信息。

服务器集群用于存储海量数据，处理复杂的数据查询与任务指令；缓存服务器用于处理高并发，提供部分指令的快速响应；空间GIS服务一方面提供全国地图供平台客户端展示，另一方面提供空间数据的分析计算。

监管平台客户端为防冲中心人员提供各种应用功能；防冲中心大屏提供实时轮询监控监测的展示和视觉提醒工具；信息发送程序提供信息远程提醒；平台出现异常时，声光报警器提供声光报警。平台结构如图5-35所示。

5.4.3.2 功能简介

(1) 煤矿防冲资料的完整性监管

监管平台建设的目的是更科学有效地开展对煤矿防冲工作的监管工作。平台将计算机自动化与防冲中心实际工作相结合，提供主要监管功能。平台监管主界面如图5-36所示。

煤矿开采冲击倾向性的煤层，必须进行冲击危险性评价。相应的冲击地压

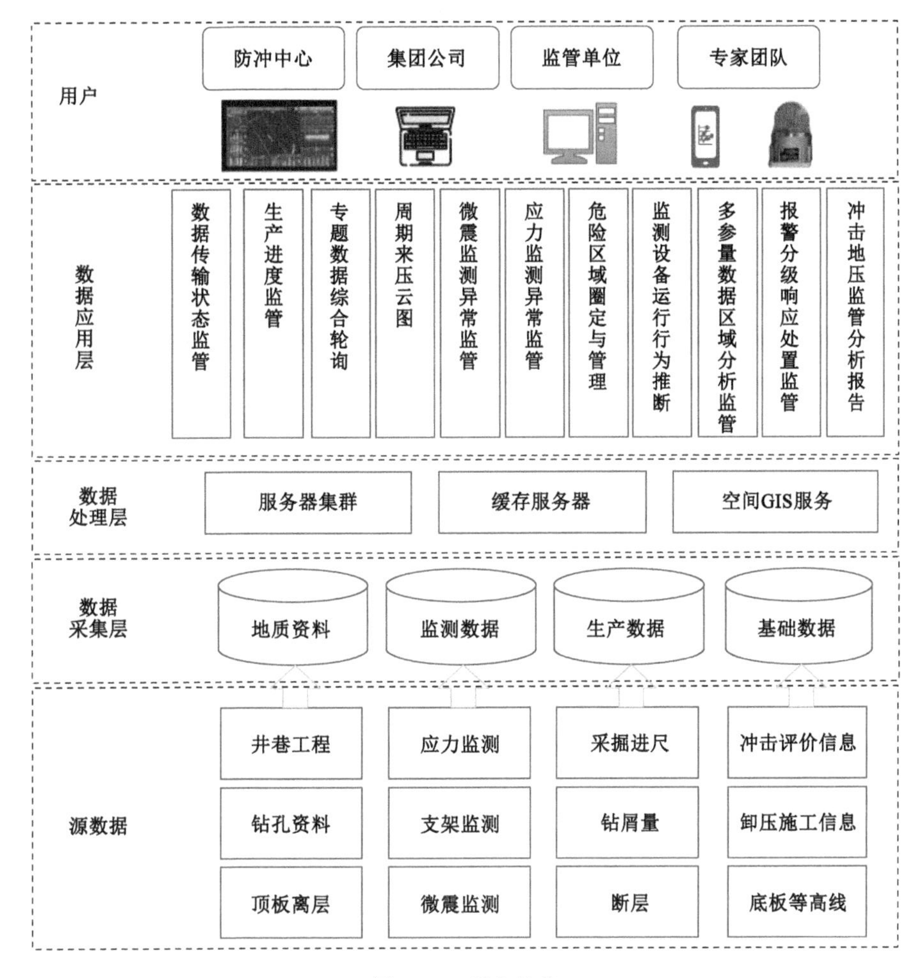

图 5-35 平台结构

煤矿的防冲设计、生产能力论证、防冲培训档案、防冲工程等记录台账等多类防冲档案都在监管之列，检查这些文件的完整性与内容的合理性是监管工作之一。

平台提供防冲档案管理功能，各矿通过信息上报客户端按要求上传相应文件资料。平台自动监管煤矿上传资料的完整性，当煤矿出现资料不完整等异常情况时，平台自动向煤矿和中心发出警示提醒。中心收到警示提醒后可核实情况，问责煤矿；煤矿收到警示提醒后可查看平台，及时补充资料。煤矿上传的防冲档案列表情况如图 5-37 所示。

(2) 工作面邻近距离监管

开采冲击地压煤层时，在应力集中区内不得布置同时进行采掘作业的 2 个

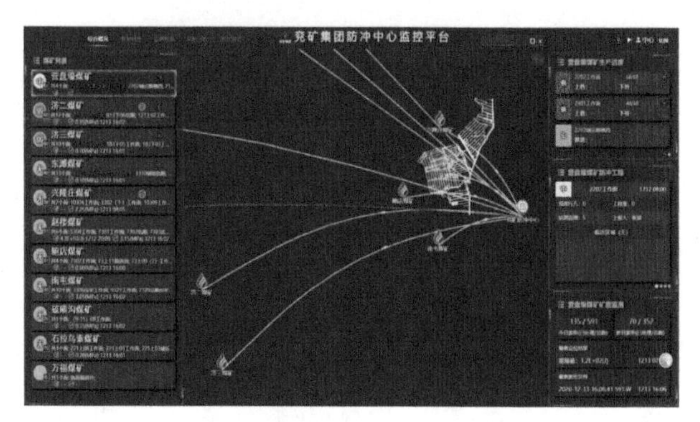

图 5-36　平台监管主界面

图 5-37　煤矿上传的防冲档案列表

工作面。采掘时，应确保 2 个回采工作面之间、回采工作面与掘进工作面之间、2 个掘进工作面之间留有足够的间距，以避免应力叠加导致冲击地压的发生。

平台具备监管各工作面之间距离的功能。利用空间服务器，根据进尺计算出各工作面之间的空间距离。当出现 2 个工作面之间的距离不符合系统预设的安全距离范围时，平台自动发出警示提醒。煤矿收到提醒后可立即根据现场情况调整，并向防冲中心反馈，防冲中心可根据反馈情况酌情处理。两回采面距离与邻近关系展示情况如图 5-38 所示。

(3) 煤矿防冲日报监管

煤矿每日会记录防冲台账，形成防冲日报，包括工作面、进尺、应力、微震的监测情况、防冲工程的施工情况等信息，是煤矿防冲工作的重要组成部分。

煤矿通过平台上传防冲日报，防冲中心可在线检查防冲日报的内容。对于未按时上传日报的煤矿，平台自动发出警示提醒。煤矿收到提醒后可补发日报，或向中心说明情况。

(4) 煤矿综合冲击指数监管

煤矿冲击地压监测系统利用数学模型将复杂的冲击地压数据同化到同一层

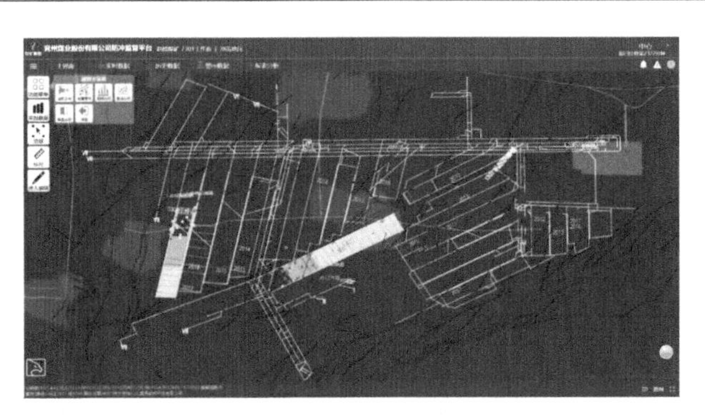

图 5-38 两回采面距离与邻近关系展示

面上，建立冲击地压预警模型，进行冲击地压灾害监测、预警与事故分析，以此提高冲击地压监测预警水平和准确性的思路已经得到普遍认可。

平台从监管角度出发，采用多参量监测的权重分析法，为各矿评价分数与等级，形成煤矿冲击指数排名，为防冲中心监管工作提供实时分析和提醒，使监管工作有的放矢。某时间平台得出的煤矿综合冲击指数排名前 3 名如图 5-39 所示。

图 5-39 某时间平台得出的煤矿综合冲击指数排名前三名

(5) 煤矿监测系统运行状态监管

煤矿保障监测系统正常运行，是煤矿利用监测系统防治冲击地压的基础。煤矿监测系统的正常运行也是监管部门重点检查的内容。

平台实时监测煤矿监测系统的运行情况，自动通过监测数据与仪表的运行状态实时判断井下仪表的运行情况，形成防冲中心对煤矿防冲监测的实时监管。

(6) 数据集成状态监管

监测数据是平台自动监管检查、自动分析的基础。平台的监测数据采集程序安装在各个煤矿中，只有保证监测数据采集程序的正常运行，才能保证煤矿到防冲中心的数据质量。

平台实时监测各采集程序的运行情况，针对采集程序退出或断线时间过长的情况发出警示提醒。煤矿收到提醒后必须立即核实情况，并使采集程序正常连接或恢复网络。平台集成各矿数据状态迁徙情况如图 5-40 所示。

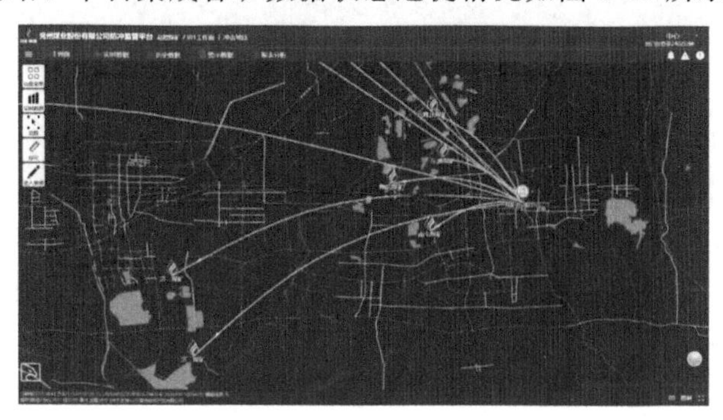

图 5-40　平台集成各矿数据状态迁徙图

(7) 监测异常与煤矿处置情况监管

当煤矿出现煤岩体应力监测异常、大增幅或微震震级、频度异常情况后，应当采取相应措施保障生产安全。

平台提供多种监测异常的提醒和分析功能，防冲中心发现煤矿长时间监测异常却无视危险的情况，可立即发出整改要求，责令矿方注意安全生产。

(8) 其他监管功能

煤矿冲击地压控制应形成分阶段、分区域、分类型的冲击地压解危技术体系。针对现有的防冲技术体系，平台支持监管煤矿钻屑法施工、预卸压工程施工、解危措施施工、煤矿采掘速度等，这些信息在煤矿防冲工作中有着十分重要的作用。平台提供了多类防冲信息的监管方案，基本实现了对煤矿防冲工作的全方面监管。

5.4.3.3　应用效果分析

煤矿每日维护数据采集程序，并主动通过信息上报客户端上传相关信息；中心使用监管平台客户端检查管理；平台服务器自动实时监管煤矿，出现异常情况后自动通过短信提醒煤矿和防冲中心。

(1) 数据集成状态监管的实际应用案例

2020 年 11 月 12 日 20 时 37 分下属矿井出现了采集程序断开网络连接的情况，系统随即形成了蓝色等级的断网警示事件，并向接收蓝色等级警示信息的 6 名该煤矿值班室人员发出短信提醒，最终该煤矿于 2020 年 11 月 12 日 21 时

17 分恢复联网。

（2）监测异常与煤矿处置情况监管的实际应用案例

2020 年 8 月 4 日，防冲中心接到平台发出的下属煤矿微震监测异常警示提醒后通过平台微震能频曲线发现 2020 年 7 月 29 日至 8 月 4 日微震事件日总能量与发生频率线随采掘速度的提升有明显的增长趋势。防冲中心随即向煤矿发出督办通知书，说明情况并要求限制工作面每日推进速度不得超过 2 m。

（3）煤矿防冲日报监管的实际效果

煤矿每日填报防冲日报上传，防冲中心每日检查，发现异常情况立即向煤矿核实，不仅可以发现煤矿防冲工作中的异常，也大幅度提升了煤矿管理人员对日常防冲工作的重视，提升了防冲工作在煤矿日常工作中的地位。

（4）煤矿综合冲击指数监管实际效果

兖矿能源防冲中心将煤矿综合冲击指数表投放到监测大屏，综合冲击指数高的煤矿一目了然。防冲中心重点关注综合冲击指数较高的煤矿，防冲监管工作有了重心，节约了人力和物力。

5.5　现场制度落实

5.5.1　生产组织有序

生产组织有序是综合管理措施，是过程控制的重要手段，具体如下：

（1）严格按照年度防冲计划组织生产，严禁随意调整生产计划。确需调整开采计划的，应报分中心审查同意后方可变更，调整后的生产接续方案和年度防冲计划报防冲中心审查并经二级公司批准后实施。

（2）严格按照生产组织通知单均衡有序组织生产，禁止超强度和突击生产，严禁无计划随意停产，并合理确定采掘速度。

（3）严禁扩修与回采、解危与采掘、掘进卸压错时平行作业。采煤工作面顺槽要保证足够的安全空间，围岩变形量较大时要提前采取扩帮落底等措施。

5.5.2　限员管理落实

（1）限员管理站

采煤工作面限员管理站距工作面不短于 300 m，巷道长度不足时，应设置在巷道与采区巷道交叉点处。掘进工作面限员管理站距工作面（迎头）不短于 200 m，巷道长度不足时，应设置在巷道回风流与全风压风流混合处。具有冲击地压危险的巷修地点，限员区域为巷修地点前后 100 m 范围。

(2) 限员数量

采煤工作面和顺槽超前 300 m 范围内不得超过 16 人，顺槽长度不足 300 m 的，在顺槽与采区巷道交叉口以内不得超过 16 人。掘进工作面 200 m 范围内不得超过 9 人，掘进巷道不足 200 m 的，在工作面回风流与全风压流混合处以内不得超过 9 人。

5.5.3 安全防护到位

根据《防治煤矿冲击地压细则》第七十七条的规定：进入严重冲击地压危险区域的人员必须采取穿戴防冲服等特殊的个体防护措施，对人体胸部、腹部、头部等主要部位加强保护。

个体防护是防止冲击地压事故的关键。个体防护物品主要包括防冲帽、防冲服、防尘口罩、掘进司机操作台防护罩(防护栏)等，如图 5-41 所示。个体防护用品必须定期检查与维护，并进行必要的防护用品使用培训。

(a)

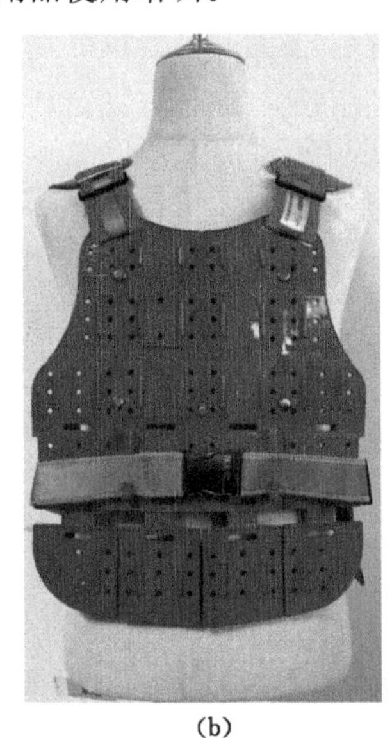

(b)

图 5-41 个人安全防护

5.5.4 问题闭环管理

公司建立防冲问题检查记录台账，建立管理台账，制定防冲专业现场检查典型问题清单，实行专人闭环管理，以 2022 年 5 月公司防冲专业检查部分问题为例，表 5-7 列出了防冲专业检查问题及闭环情况统计的情况。

表 5-7 兖矿能源防冲专业检查问题及闭环情况统计表

序号	检查时间	被查单位	编号	检查问题	问题性质	问题类别	整改期限	完成情况
1	2022 年 5 月 6 日	南屯煤矿	Z2022-5-01	$99_{上}$24 工作面轨顺 4 月 13 日应力在线预警采用钻孔卸压进行解危，在预警传感器 3 m 范围内施工 2 个钻孔。解危方法与《九采区防冲设计》中“对预警传感器左右各 10～15 m 范围进行钻孔卸压”要求不符	典型问题	防冲措施落实	2022 年 5 月 8 日	已完成
2	2022 年 5 月 6 日	南屯煤矿	Z2022-5-01	$93_{下}$21 轨顺 4 月份施工的 YT006、YT013、YT014、YT015 号卸压钻孔无视频资料，无法核实卸压孔施工情况。（该问题矿已自查并进行了挂黄牌考核，公司不再重复考核）	典型问题	隐蔽工程	动态	已完成
3	2022 年 5 月 6 日	鲍店煤矿	Z2022-5-02	《7311 工作面胶带顺槽加固安全技术措施》及《$73_{上}$11 综放面胶顺扩修防冲专项安全技术措施》审批人员无矿井总工程师签字。不符合《煤矿冲击地压防治管理规定》（山能集团发〔2022〕29 号）第二十八条要求	典型问题	技术管理	2022 年 5 月 7 日	已完成
4	2022 年 5 月 10 日	兴隆庄煤矿	Z2022-5-03	10310 开切眼卸压钻孔施工深度 25 m，巷道扩刷后孔深不能满足设计要求	典型问题	防冲措施落实	2022 年 5 月 25 日	已完成

表5-7(续)

序号	检查时间	被查单位	编号	检查问题	问题性质	问题类别	整改期限	完成情况
5	2022年5月10日	兴隆庄煤矿	Z2022-5-03	十采区防冲设计、三采区冲击危险性评价及防冲设计格式、内容与最新要求差距大	典型问题	资料	2022年5月15日	已完成
6	2022年5月10日	兴隆庄煤矿	Z2022-5-03	7310工作面运顺3#、6#、8#应力计欠压时间超过8 h,应力计补压不及时	典型问题	监测系统	2022年5月11日	已完成

上级部门检查问题闭环单需公司防冲办包保人员验收签字,公司检查问题闭环单需矿井防冲科人员验收签字。各矿对查出的各类问题制定整改方案落实整改,由矿安监处长组织整改验收,公司防冲办对重点问题进行复查,对一般问题整改情况进行抽查。

5.6 防冲应急管理处置

为了增强冲击地压矿井应对和防范冲击地压事故的能力,迅速有效处置冲击地压事故,有效预防和降低冲击地压事故造成的人员伤亡和财产损失,根据《山东省生产安全事故应急办法》第十条和第十三条的规定,矿井每年必须编制防冲应急预案并进行一次冲击地压事故应急演练。防冲应急预案包括防冲专项应急预案和现场处置方案,其中,专项应急预案是指矿井为应对和防治冲击地压事故所制定的专项性工作方案,现场处置方案是指针对冲击地压事故所制定的应急处置措施。

(1) 生产事故上报

发生生产安全事故后,事故现场有关人员应当立即报告本单位负责人。单位负责人接到报告后,应当立即启动应急预案,采取一项或者多项应急救援措施,并按照有关规定在1小时内向事故发生地县级以上人民政府应急管理部门和其他有关部门报告事故情况,同时报所在地乡镇人民政府、街道办事处。

山东能源集团有限公司颁布的《生产安全事故信息报告及应急值守管理办法》和《生产安全事故应急办法》要求:一般事故20分钟内电话报告二级公司、30分钟内书面报告,二级公司20分钟内报告山东能源集团有限公司调度,30分钟内书面报告;较大和较大涉险及以上事故立即报告二级公司,同时向能源集团调度指挥中心汇报,30 分钟内书面报告,二级公司接报后立即报告能源集团调度,30 分钟内书面报告。

(2) 应急响应及救援

冲击地压事故发生后,当事人或事故现场有关人员应立即汇报矿调度室,并采取自救、互救措施。现场的跟班区队长、班长、安监员或瓦检员均有权下令撤人。矿调度室调度员接到事故汇报后,应根据事故的危害程度、影响范围下达撤人指令,同时按事故汇报程度进行汇报,并根据矿长命令启动应急预案Ⅰ级响应,如图 5-42 所示。

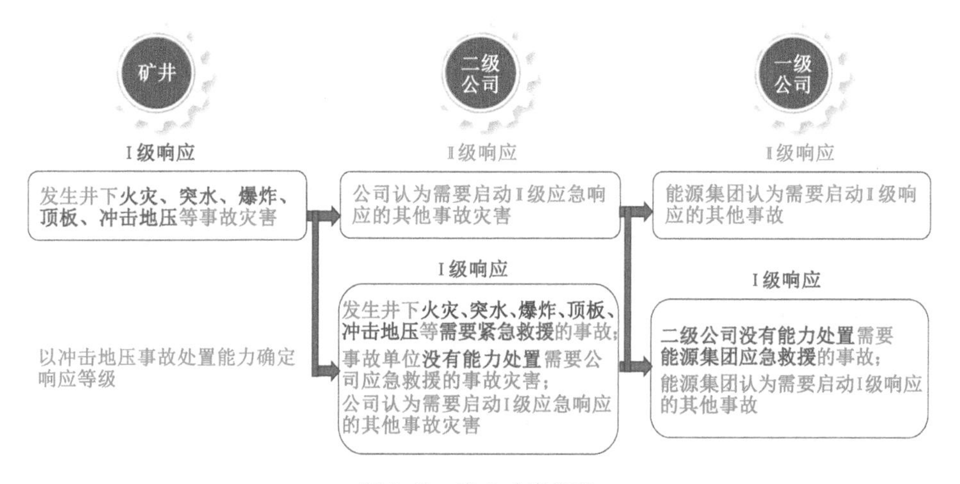

图 5-42 应急响应流程

设立煤矿冲击地压事故应急救援指挥部(以下简称指挥部),负责组织指挥应急救援工作。总指挥由矿长(或授权人)担任,副总指挥由分管矿领导、救护大队服务煤矿中队队长担任,冲击地压事故由总工程师任第一副总指挥。

指挥部下设办公室(设在调度指挥中心)。由矿生产副矿长任主任,承担救援期间各小组之间的救援工作协调,督导各小组救援工作落实情况,定期向指挥部汇报各小组救援进展情况。

指挥部下设综合协调组、抢险救灾组、技术专家组、安全监督组、医疗救护组、物资供应组、警戒保卫组、后勤保障组、信息发布组、善后处理组 10 个小组,分别履行应急救援职责。

(3) 矿震汇报

兖矿能源部分冲击地压矿井矿震活动频次高、震级大,在一定程度上威胁到矿井生产安全,有可能成为矿区社会不和谐的因素。根据上级文件要求,公司制定了矿震事件汇报流程，具体如图 5-43 所示。

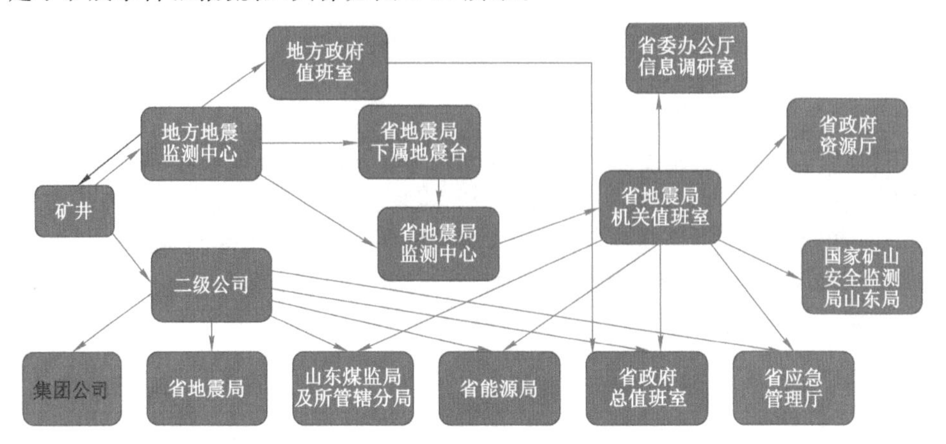

图 5-43　矿震事件汇报流程

6 冲击地压灾害防治新技术和新工艺

本章以兖矿能源石拉乌素煤矿、营盘壕煤矿和东滩煤矿为工程背景，以完善的冲击地压防治技术管理体系为指导，针对各矿特殊地质条件和开采技术条件，揭示冲击危险载荷源及其主控因素，开展防冲新技术和新工艺的现场实践。

6.1 石拉乌素煤矿地面深孔爆破技术

6.1.1 工程背景

石拉乌素井田位于内蒙古自治区东胜煤田呼吉尔特矿区，行政区划属鄂尔多斯市伊金霍洛旗新街镇。矿井现主采煤层为2-2煤层，煤厚5.43～9.02 m，单轴抗压强度为26.3 MPa，煤层整体倾角一般小于2°，该煤层地质构造简单，埋深一般为589～729 m，埋深较大。工作面煤层上方存在厚度约414 m的下白垩统志丹群紫红色粉砂岩、砂岩，岩层厚度较大、强度较高，距离煤层顶板207～366 m。

受志丹群砂岩组影响，1201工作面回采期间(2020年3月24日)，石拉乌素煤矿微震监测系统监测到2.6×10^6 J微震事件，微震震级为2.4级，同一时间中国地震台网监测到2.9级非天然地震事件并发出专报。事件发生地位于2017年6月已回采完毕并封闭的1217工作面(2017年6月已回采完毕并封闭)停采线以北425.8 m，1217工作面辅运顺槽以西94.1 m的采空区，如图6-1所示。事件发生后，井下无明显震感，巷道变化不大，但矿区地表工业广场震感明显。此后，在1203工作面回采期间，又陆续发生3次2.5级以上的矿震事件，见表6-1。

受志丹群砂岩组影响，石拉乌素煤矿工作面回采期间大能量矿震事件频发，严重影响了矿区生产及矿区居民生活。为此，矿井开展了大量调研工作，最终决定采用地面深孔爆破的方式进行矿震治理。本节以石拉乌素煤矿1208工作面为例，详细介绍地面深孔爆破技术。

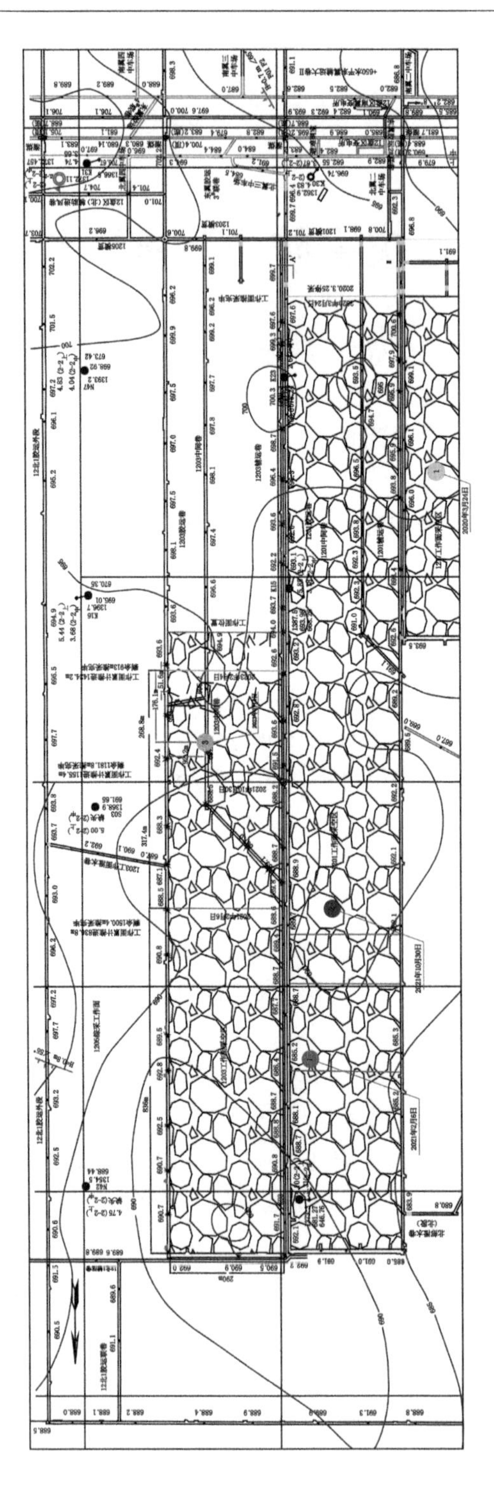

图6-1 1203工作面回采期间矿震事件分布图

表 6-1　1203 工作面回采期间大能量矿震事件统计

序号	时间	地点	震源坐标/m	震级/级
1	2021 年 2 月 6 日	1201 工作面采空区	X:19 390 183.166 Y:4 323 724.166 Z:687.0	2.9
2	2021 年 10 月 30 日	1201 工作面采空区	X:19 390 550.370 Y:4 323 666.584 Z:697.0	2.5
3	2023 年 2 月 4 日	1203 工作面采空区	X:19 382 741.342 Y:4 322 807.079 Z:1 049.0	2.9

6.1.2　1208 工作面概况

1208 工作面标高为＋685.7～＋696.6 m，平均为＋695.15 m。工作面范围内地面标高为＋1 366.5～＋1 337.3 m，平均为＋1 350.0 m。1208 工作面净面长为 290 m，回采推进长度为 3 210 m。1208 工作面布置 3 条巷道，即胶运顺槽、辅运顺槽和中间巷，其中辅助运输顺槽靠近 1206A 工作面；1208 工作面采用综采放顶煤工艺开采，采用全部垮落法管理顶板。

本工作面所采煤层为 2-2 煤，厚度变化不大，为 $2\text{-}2_{上}$ 与 2-2 中煤合并区，厚度在 8.51～9.51 m 之间。从 2 650 m 处至停采线（向北）煤层中部有一夹矸逐渐变厚，夹矸厚度从 0.8 m 逐步加厚至 5.44 m，将煤层分叉为 $2\text{-}2_{中}$ 煤和 $2\text{-}2_{上}$ 煤。煤层结构复杂，含 2～3 层泥岩夹矸，夹矸厚度变化大。煤层普氏系数（f）一般在 1.79 左右，为软～中等硬度煤层。经煤炭科学技术研究院有限公司安全检测中心鉴定，2-2 煤层具有冲击倾向性。

1208 工作面回采期间，在本工作面及相邻工作面采空区累计发生 2.4 级以上矿震事件 5 次，如表 6-2 和图 6-2 所示。

表 6-2　1208 工作面回采期间大能量矿震事件统计

序号	时间	地点	震源坐标/m	震级/级
1	2021 年 8 月 20 日	1208 工作面采空区	*X*:19 393 919.277 *Y*:4 323 977.703 *Z*:697.0	2.4
2	2021 年 8 月 29 日	1208 工作面采空区	*X*:19 393 963.402 *Y*:4 324 024.069 *Z*:782.0	2.8
3	2021 年 12 月 20 日	1206A 工作面采空区	*X*:19 393 646.327 *Y*:4 323 607.422 *Z*:760.0	2.6
4	2022 年 3 月 7 日	1208 工作面采空区	*X*:19 393 657.358 *Y*:43 244 028.485 *Z*:792.0	2.4
5	2022 年 8 月 6 日	1206A 工作面采空区	*X*:19 393 626.502 *Y*:4 320 345.892 *Z*:1 153.0	2.8

6.1.3　地面深孔爆破实施方案

以 1208 工作面地面深孔爆破施工(二期)为例,本次爆破共设计 10 个爆破孔。爆破孔位于 1206A 工作面采空区,距石拉乌素煤矿工业广场 2 060 m。根据设计要求,孔深 270 m,孔间距为 20 m,孔径为 170 mm,装药深度为 180 m,封孔深度为 90 m,每孔设计装药量为 2 160 kg,平面图和剖面图分别如图 6-3 和图 6-4 所示,具体爆破信息见表 6-3。采用一次一孔方式依次起爆。根据本工程的实际情况,选择水胶炸药连续装药、导爆索传爆、电雷管引爆的爆破方案。

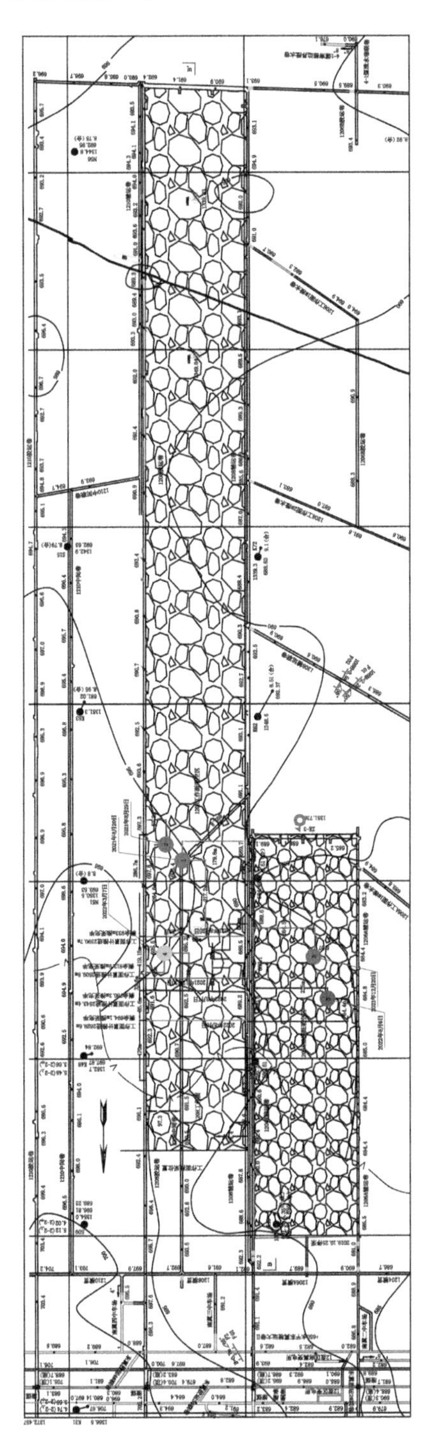

图6-2　1208工作面回采期间矿震事件分布平面图

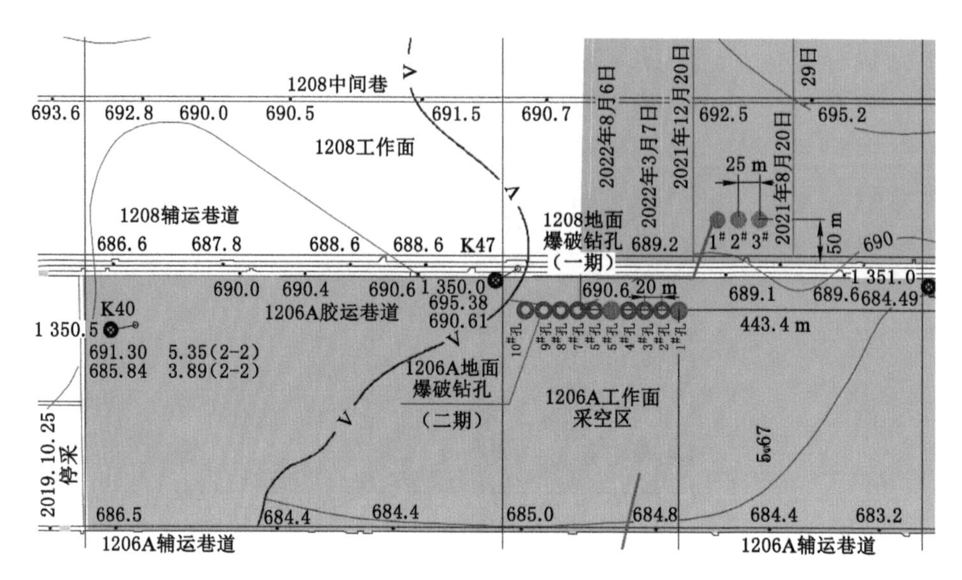

图 6-3　1208 工作面爆破方案平面图

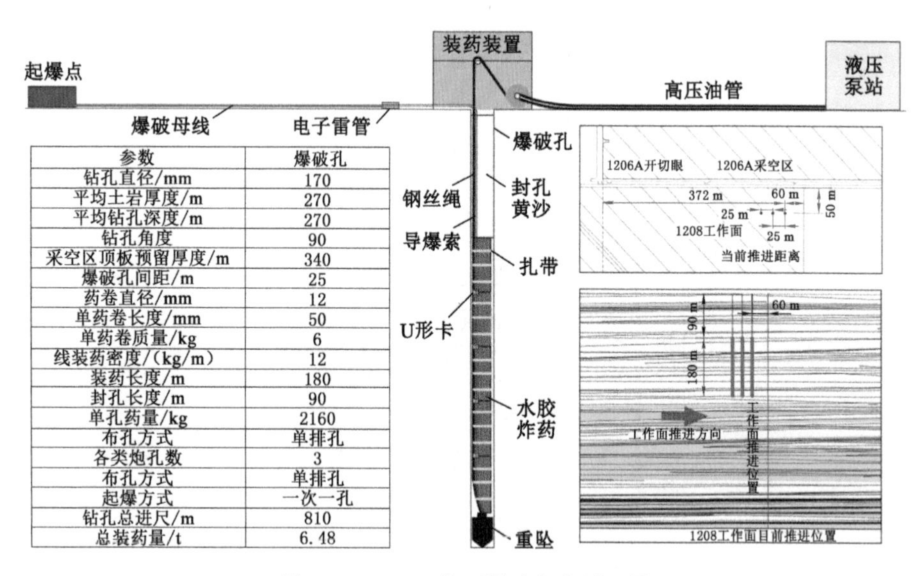

参数	爆破孔
钻孔直径/mm	170
平均土岩厚度/m	270
平均钻孔深度/m	270
钻孔角度	90
采空区顶板预留厚度/m	340
爆破孔间距/m	25
药卷直径/mm	12
单药卷长度/mm	50
单药卷质量/kg	6
线装药密度/(kg/m)	12
装药长度/m	180
封孔长度/m	90
单孔药量/kg	2160
布孔方式	单排孔
各类炮孔数	3
布孔方式	单排孔
起爆方式	一次一孔
钻孔总进尺/m	810
总装药量/t	6.48

图 6-4　1208 工作面爆破方案剖面图

表 6-3　1206A 采空区地面爆破统计表

钻孔编号	孔深/m	孔径/mm	装药量/kg	装药长度/m	爆破能量/J	爆破层位/m	震源标高/m
1#	270	170	2 160	180	1.46×10^6	1 080～1 260	1 205.50
2#	270	170	2 160	180	1.06×10^6	1 080～1 260	1 206.46
3#	270	170	2 160	180	1.87×10^6	1 080～1 260	1 176.40
4#	270	170	2 160	180	3.89×10^6	1 080～1 260	1 213.57
5#	270	170	2 160	180	6.47×10^6	1 080～1 260	1 209.87
6#	270	170	2 160	180	2.37×10^6	1 080～1 260	1 154.97
7#	270	170	2 160	180	4.72×10^6	1 080～1 260	1 212.06
8#	270	170	2 160	180	7.40×10^6	1 080～1 260	1 163.00
9#	270	170	2 160	180	8.14×10^6	1 080～1 260	1 117.00
10#	270	170	2 160	180	5.12×10^6	1 080～1 260	1 184.44

根据 1208 工作面地面深孔爆破实施计划，爆破顺序为：7#、9#、4#、2#、3#、6#、8#、10#，按照每日爆破 1 个钻孔进行组织。同时，为了便于进行钻孔装药，研发了深孔装药系统，如图 6-5 所示。

图 6-5　深孔装药系统

6.1.4　地面深孔爆破对地面及井下影响分析

（1）地面爆破对工作面巷道支护影响

当前工作面两顺槽超前支护采用顺槽液压支架配合超前液压支架支护顶板，基于理论分析可认为满足现场支护需求。

基于1201工作面上方地面爆破数据单个地面致裂爆破孔可引发的能量最大值可达 7.95×10^5 J，通过数据拟合式，可以得到当 1.0×10^5 J能量的矿震事件，震源破裂尺度为30 m时，传播150 m时矿震能量可衰减至 1.0×10^3 J；震源破裂尺度为60 m时，传播227 m时矿震能量可衰减至 1.0×10^3 J；1.0×10^6 J能量的矿震事件，震源破裂尺度为60 m时，传播350 m时矿震能量可衰减至 1.0×10^4 J；震源破裂尺度为100 m时，传播438 m时矿震能量可衰减至 1.0×10^3 J。

为便于计算，单个爆破孔所产生的弹性波传递至工作面时，能量已衰减至 2.8×10^3 J，而矿井此前发生6次方大能量矿震时并未对井下产生较大影响。

因此，基于理论分析可预计本次地面致裂爆破对井下巷道支护所产生的影响可控。

(2) 水害风险预估

目前对 $2\text{-}2_{上}$、2-2煤层回采有影响的含水层主要有4层，自上而下分别为第四系砂层孔隙潜水含水层、白垩系下白垩统志丹群含水层、侏罗系中侏罗统直罗组含水层和侏罗系中-下统延安组承压水含水层。对 $2\text{-}2_{上}$、2-2煤层回采有影响的隔水层有两层，分别为侏罗系中侏罗统安定组隔水层和侏罗系中-下统延安组顶部隔水层。

根据爆破区域附近的钻孔分析，志丹群埋藏深度均大于365 m，钻孔施工揭露层位依次为第四系和白垩系志丹群，终孔层位于白垩系志丹群中下部。钻孔施工未进入安定组隔水层，未连接白垩系下白垩统志丹群含水层和侏罗系中侏罗统直罗组含水层，未形成人为导水通道。

考虑到本工程不需要两孔之间形成完整裂缝，只需有效破碎目标岩层，钻孔施工和爆破活动影响范围仅在侏罗系中侏罗统直罗组含水层范围内，不会使安定组隔水层受到破坏而影响隔水性能，因此爆破施工不会造成井下突水风险。

(3) 诱发大能量矿震事件风险分析

本次爆破采用一次起爆一孔模式。根据前期爆破监测结果对爆破参数进行调整。实施地面爆破后的上覆高位关键岩层整体性失稳、破断的可能性较低。

6.2 营盘壕煤矿工作面面内断顶技术

6.2.1 工程背景

营盘壕井田位于内蒙古自治区鄂尔多斯市西南方向的乌审旗境内，行政区划隶属乌审旗嘎鲁图镇。井田地层总体为一走向北北东、倾向北西西(方位角约为 290°)、倾角约为 3°的单斜构造。根据采掘工程揭露观测和分析，矿井煤层产状平缓，煤层倾角约为 3°，褶皱不发育。矿井开采煤层为 2-2 煤层，煤层底板标高分别为＋490～＋540 m，地面标高为＋1 248～＋1 250 m。采用大巷条带式布置方式，走向长壁综采大采高采煤工艺，后退式回采，全部冒落法管理顶板。

在贯彻落实兖矿股发〔2023〕第 24 号文件的基础上，在全矿井范围内排查爆破断顶范围，并在 21、22 和 24 采区工作面实施走向和倾向爆破断顶孔。为了降低矿震风险，在工作面过停采线、煤柱、断层等应力集中区域每 100 m 进行 1 次面内爆破断顶。本节以 2215 工作面为例，介绍工作面回采期间爆破断顶实施方案。

6.2.2　2215 工作面概况

2215 工作面位于 22 采区南部，工作面西临工业广场保护煤柱线，东与靖 24-38 采气井保护煤柱线平行，北临 2213 工作面(正在准备)，南临 2217 工作面采空区。工作面位于工业广场以东偏北，地面为滩地，上覆地表有 3 条输气管线，开切眼以东相邻靖 24-38 采气井，如图 6-6 所示。

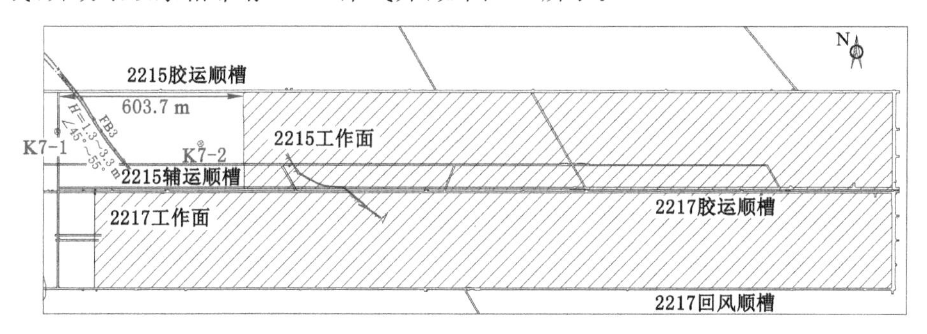

图 6-6　工作面布置图

2215 工作面煤层底板标高：＋516～＋521.3 m，平均为＋518.7 m，地面标高：＋1 248～＋1 250 m，平均为＋1 250.1 m。工作面平均埋深为 731.4 m，工作面煤层为 2-2 煤，煤层厚度为 5.64～7.33 m，平均为 6.41 m，倾角为 0°～4°，平均为 2°，工作面采用长壁综合机械化采煤方法，采用一次采全高后退式回采，采用全部垮落法管理顶板，工作面于 2019 年 8 月 7 日开始回采，工作面面宽为 300 m，回采推进长度为 2 709 m，面积为 797 401 m^2，可采储量为 646.5 万 t，可采期为 19 个月。

在推采 2 105.3 m 时，进行断顶工程，顶板爆破超前工作面 300 m 以上进行施工，因此，后续顶板卸压参数主要根据 K7-1 钻孔进行设计。

K7-1 钻孔煤层上方 75 m 厚度范围内顶板岩层统计见表 6-4，K7-1 钻孔爆破范围主要存在两个层位，即煤层上方 10～20 m 的基本顶与煤层上方 55～75 m 的关键层。

表 6-4 K7-1 钻孔煤层上方 75 m 厚度范围内顶板岩层统计表

序号	岩性	厚度/m	累计厚度/m	备注
1	粉砂岩	18.05	74.2	关键层
2	中粒砂岩	5.09	56.15	关键层
3	粗粒砂岩	2.18	51.06	
4	砂质泥岩	6.46	48.88	
5	细粒砂岩	2.34	42.42	
6	砂质泥岩	10.94	40.08	
7	粉砂岩	0.98	29.14	
8	泥岩	6.42	28.16	
9	粗粒砂岩	3.02	21.74	
10	砂质泥岩	2.19	18.72	
11	粉砂岩	5.08	16.53	
12	细粒砂岩	6.47	11.45	
13	砂质泥岩	4.98	4.98	
14	2-2 煤层	2.79		主采煤层
15	砂质泥岩	0.45		
16	2-2 煤层	4.24		主采煤层

6.2.3 顶板预裂高度确定

工作面煤层开采后，采用垮落法处理采空区，采出空间周围的岩层失去支撑而向采空区内逐渐移动、弯曲和破坏。上覆岩层移动和破坏具有明显的分带性，从采空区至地表，覆岩破坏范围逐渐扩大，破坏强度逐渐减弱，覆岩的破坏和移动会出现三个代表性部分，自下而上分别为冒落带、裂隙带和弯曲下沉带。

随着工作面的不断回采，煤层上方主要是冒落带和裂隙带范围内的顶板破断，容易产生矿震，尤其是“两带”范围内的厚层坚硬顶板是影响冲击地压危害的主要因素之一，其主要原因是厚层坚硬顶板容易聚积大量的弹性能。在坚硬顶板破碎或滑移过程中，大量弹性能突然释放，形成强烈震动，导致冲击地压危害的发生。

由《营盘壕煤矿 2217(原 2201)工作面覆岩导水裂隙带发育高度探测报告》可知:2217 工作面顶板导水裂隙带发育高度实测结果为 115.5 m,按照 5.5 m 采高,采裂比为 21,其探查的导水裂隙带整体形态为马鞍形,导水裂隙带发育最高位置位于工作面中部,如图 6-7 所示。

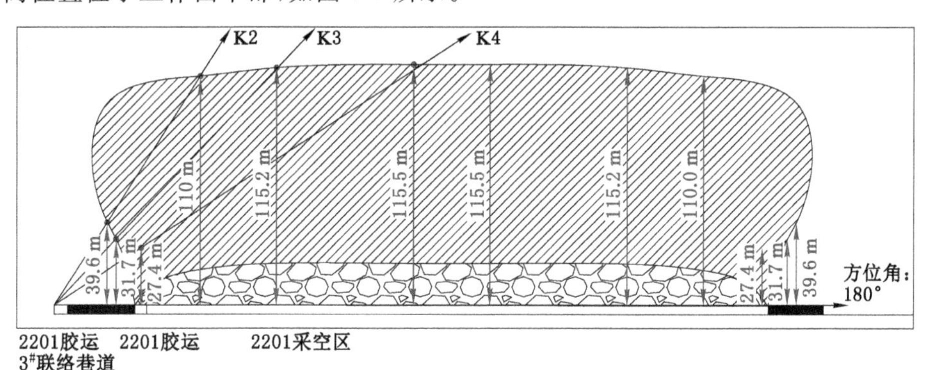

图 6-7　2217 工作面顶板导水裂隙带发育形态综合确定图

同时,根据山东能源集团冲击地压防治研究中心下发的《推广深孔爆破断顶卸压技术的通知》的要求,综合考虑,确定 2215 工作面的断顶范围为 25～70 m。

6.2.4　断顶卸压参数

营盘壕煤矿采用煤矿许可瓦斯抽采水胶药柱或产气预裂具作为爆破材料,对顶板进行爆破断顶卸压,两种爆破材料的装药参数见表 6-5 和表 6-6。

表 6-5　煤矿许用瓦斯抽采水胶药柱装药参数

序号	爆破材料	型号	单发质量/kg
1	煤矿许用瓦斯抽采水胶药柱	ϕ63 mm×1 000 mm	3.3

表 6-6　产气预裂具装药参数

序号	产品名称	型号	单发质量/kg	燃温/℃	产气量 L/kg	备注
1	产气具 A	ϕ76 mm×900 mm	5	2 000	600	有效预裂半径为 5～10 m
2	增强具 D	ϕ76 mm×900 mm	6.6	3 500	300	增强作用
3	启动具 G	ϕ10 mm×200 mm	0.036			启动作用

6.2.5 2215 工作面两顺槽钻孔布置

对 2215 工作面两顺槽爆破断顶进行优化布置，倾向孔采用高中低位钻孔布置，走向孔采用高位钻孔布置，其中辅运顺槽倾向孔配合走向孔在同一断面联合布置，提高断顶效果，超前距离胶运顺槽不短于 300 m，辅运顺槽不短于 350 m。

辅运顺槽倾向孔：在 2215 辅运顺槽倾向高、中、低位孔 1 组，孔径为 80～89 mm，间距为 15 m；高位孔孔深为 75 m，钻孔角度为 65°，装药 18 m；中位孔孔深为 42 m，钻孔角度为 55°，装药 12 m；低位孔孔深为 30 m，钻孔角度为 45°，装药 12 m，方位角垂直巷道朝向工作面施工，高、中、低位孔间距为 10～20 m，在帮部肩窝位置附近开孔，装药不耦合系数不大于 1.3。

辅运顺槽走向孔：在 2215 辅运顺槽施工走向爆破孔，孔径为 80～89 mm，间距为 7.5 m，孔深为 75 m，钻孔角度为 65°，装药 24 m，方位角平行巷道朝向采空区施工，装药不耦合系数不大于 1.3。

胶运顺槽走向孔：在 2215 胶运顺槽施工走向爆破孔，孔径为 80～89 mm，间距为 15 m，孔深为 75 m，钻孔角度为 65°，装药 24 m，方位角平行巷道朝向采空区施工，装药不耦合系数不大于 1.3。

具体参数见表 6-7，顶板预裂钻孔设计剖面图如图 6-8 所示。

表 6-7 2215 工作面两顺槽钻孔爆破断顶施工参数表

项目	设计参数及说明				
施工地点	胶运顺槽	辅运顺槽			
区域划分	高位走向孔	高位倾向孔	中位倾向孔	低位倾向孔	高位走向孔
施工范围/m	剩下未施工区域				
参考钻孔柱状图	K7-1				
钻孔直径/mm	80～89				
药卷直径/mm	63～76				
钻孔间距/m	15	15	15	15	7.5
钻孔深度/m	75	75	42	30	75
钻孔方位角/(°)	平行巷道 采空区	垂直巷道 朝向工作面	垂直巷道 朝向工作面	垂直巷道 朝向工作面	平行巷道 朝向采空区
钻孔角度/(°)	65	65	55	45	65
装药长度/m	24	18	12	12	24

表6-7(续)

项目	设计参数及说明				
封孔长度/m	不短于钻孔深度 1/3	不短于钻孔深度 1/3	不短于钻孔深度 1/3	不短于钻孔深度 1/3	不短于钻孔深度 1/3
装药及连线方式	正向装药	正向装药	正向装药	正向装药	正向装药
爆破方式	一次起爆	一次起爆	一次起爆	一次起爆	一次起爆
水胶药柱装药量/kg	不少于 66	不少于 40	不少于 33	不少于 33	不少于 66
产气预裂具装药量/kg	不少于 120	不少于 90	不少于 60	不少于 60	不少于 120

6.2.6 2215 工作面面内爆破布置

对 2215 工作面初次来压，见方，向、背斜轴，断层等应力集中区域采取面内爆破断顶措施，该区域每 100 m 进行 1 次面内爆破断顶。在工作面面内共布置 4 组爆破孔，组间距为 60 m，每组布置 2 个钻孔，组内钻孔间距不小于 2 m，孔径为 80～89 mm，高低位钻孔角度为 65°(±5°)，方位角为 0°～180°。剖面图如图 6-9 所示，施工参数见表 6-8。

表 6-8 2215 工作面面内爆破断顶钻孔施工参数表

项目	设计参数及说明	
施工地点	工作面内	
施工范围	距开切眼 2 105～2 690 m	
参考钻孔柱状图	K7-1	
钻孔类型	高位孔	低位孔
钻孔直径/mm	80～89	
钻孔间距/m	60	60
钻孔深度/m	80	65
钻孔方位角/(°)	180	0
钻孔角度/(°)	65	65
装药长度/m	24	24
封孔长度/m	不小于钻孔深度 1/3	不小于钻孔深度 1/3
水胶药柱装药量/kg	不少于 66	不少于 66
产气预裂具装药量/kg	不少于 120	不少于 120

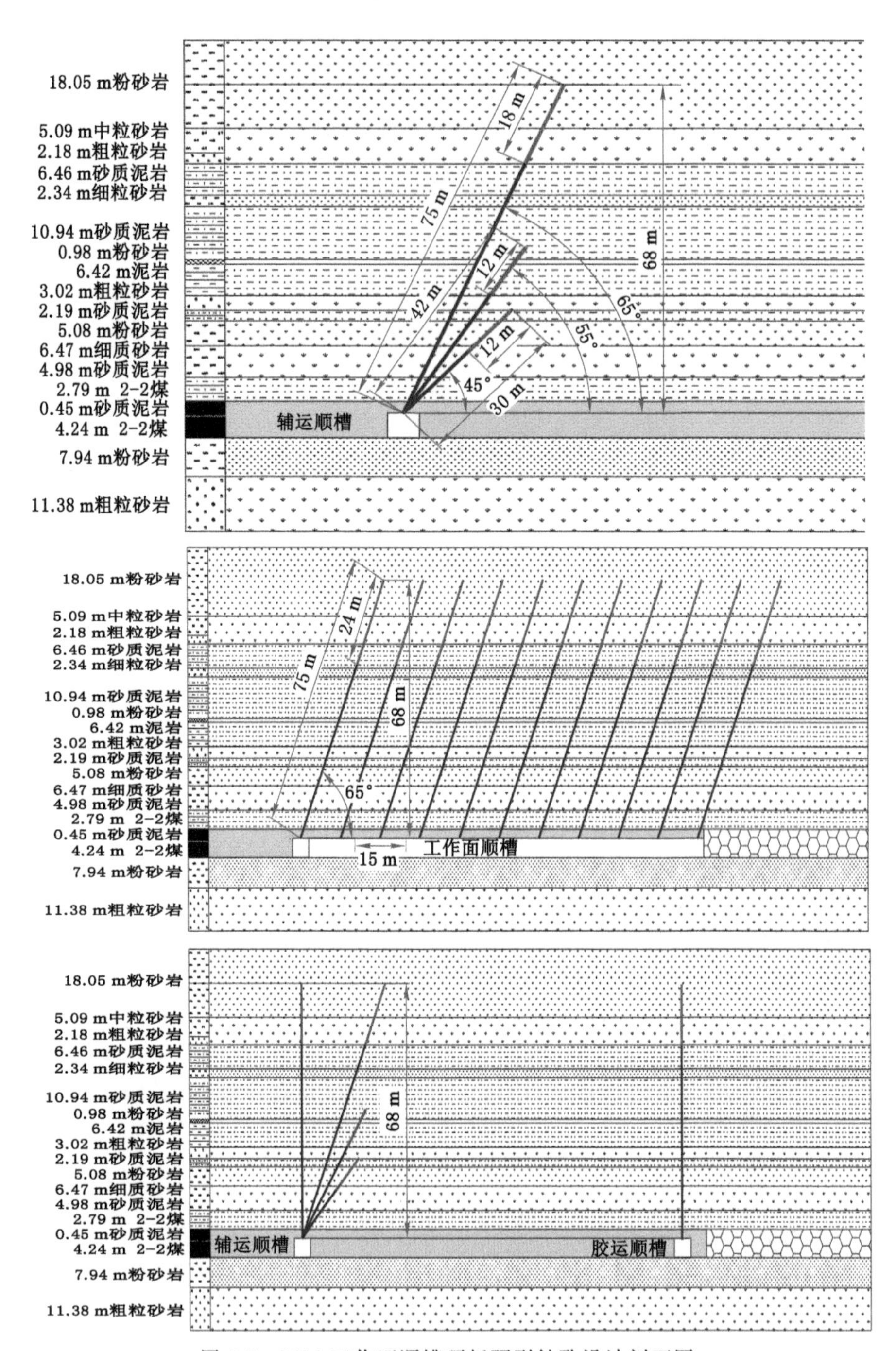

图 6-8　2215 工作面顺槽顶板预裂钻孔设计剖面图

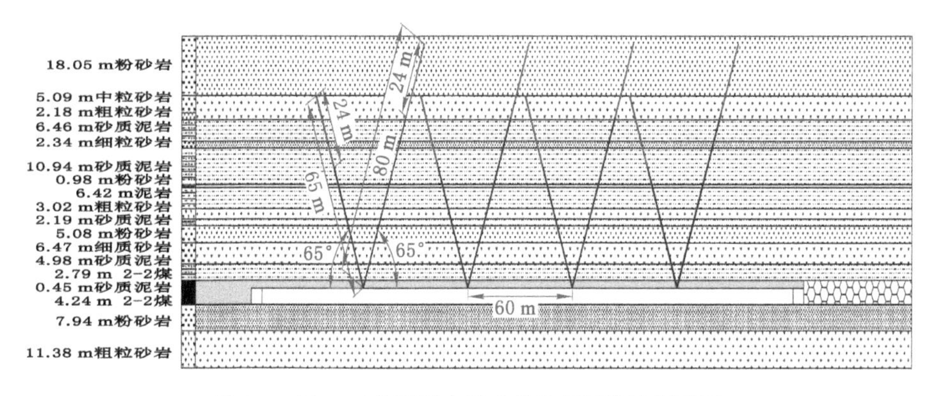

图 6-9 2215 工作面面内爆破钻孔剖面设计剖面图

6.2.7 2215 工作面断层附近爆破孔布置

2215 工作面胶运顺槽断层附近强化断顶，布置 L1、L2、L3、L4 4 个顶板爆破孔，钻孔沿走向间隔 15m 布置。孔径为 80～89 mm，倾角为 45°(±5°)，长度分别为 80 m、65 m、50 m、65 m，方位角分别为与巷道成 70°朝向工作面内、与巷道成 70°朝向工作面内、与巷道成 90°朝向工作面内、与巷道成 70°朝向工作面外。具体如图 6-10 和图 6-11 所示，施工参数见表 6-9。

表 6-9 2215 工作面断层附近爆破钻孔施工参数表

项目	设计参数及说明			
施工地点	2215 工作面胶运顺槽断层附近			
钻孔类型	L1	L2	L3	L4
钻孔直径/mm	80～89			
钻孔间距/m	15	15	15	15
钻孔深度/m	80	65	50	65
钻孔方位角/(°)	与巷道成 70°朝向工作面内	与巷道成 70°朝向工作面内	与巷道成 90°朝向工作面内	与巷道成 70°朝向工作面外
钻孔角度/(°)	45	45	45	45
装药长度/m	30	24	18	24
封孔长度/m	不小于钻孔深度 1/3	不小于钻孔深度 1/3	不小于钻孔深度 1/3	不小于钻孔深度 1/3
水胶药柱装药量/kg	不少于 80	不少于 66	不少于 40	不少于 66
产气预裂具装药量/kg	不少于 160	不少于 120	不少于 90	不少于 120

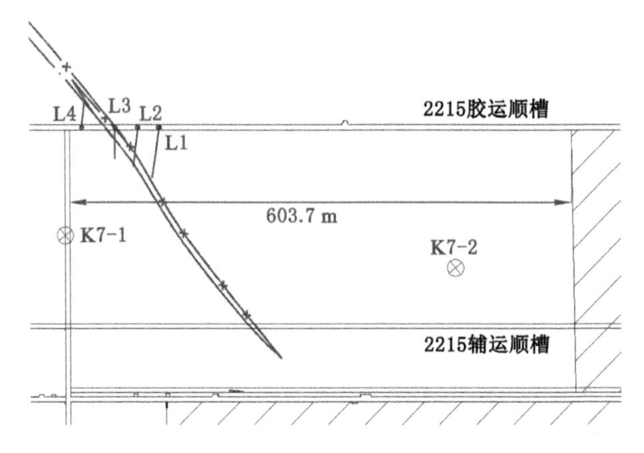

图 6-10　2215 工作面断层附近钻孔平面设计剖面图

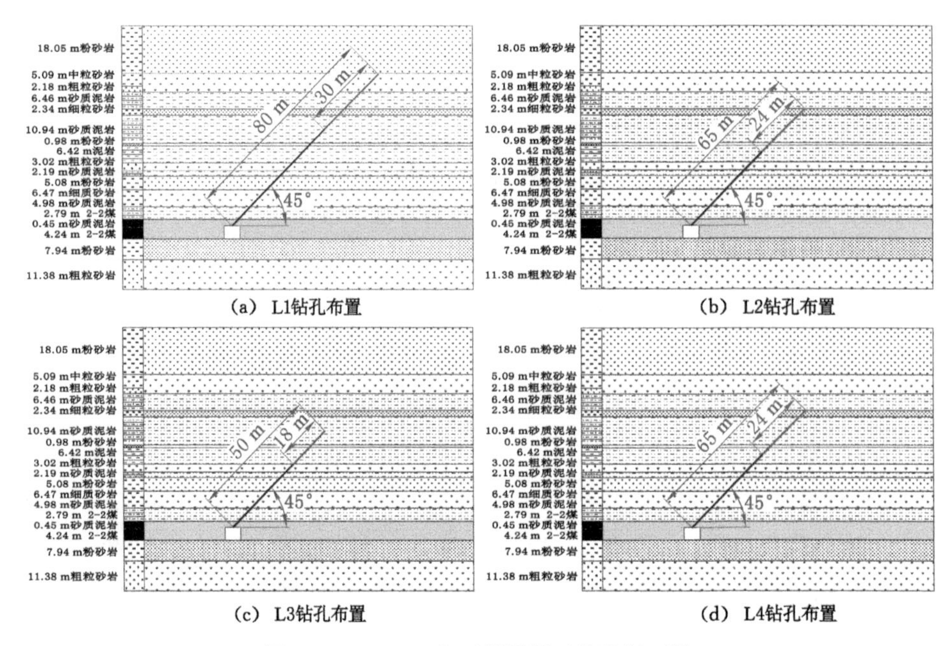

(a) L1钻孔布置　(b) L2钻孔布置

(c) L3钻孔布置　(d) L4钻孔布置

图 6-11　2215 工作面断层附近钻孔剖面图

6.2.8 效果分析

统计 2215 工作面 2021 年 12 月至 2022 年 3 月生产期间微震监测数据，如图 6-12 所示。微震监测结果表明：

(1) 工作面推进两顺槽加密施工爆破断顶区域微震累计能量趋势明显降低，其中 45 天中共计 43 天微震累计能量处于低位以下，占比 95.6%，采场释放能量较为稳定，表明辅运顺槽采取加密爆破断顶措施后，将爆破产生的裂纹连接成片，弱化了工作面采动应力与围岩顶板压覆应力相互传递、相互影响，断顶效果较好。

(2) 区间 3 较区间 2 的 10^4 J 及以下微震事件明显减少，10^3 J、10^4 J 微震事件减少约 55%，但是 10^5J 以上事件仍然发生 8 次，表明辅运顺槽采取加密爆破断顶措施后，将爆破产生的裂纹连接成片，弱化了工作面采动应力与周围岩顶板压覆应力相互传递、相互影响，断顶效果较好，但是对爆破断顶施工高度以上高位顶板断裂产生的 10^5 J 治理效果不明显。

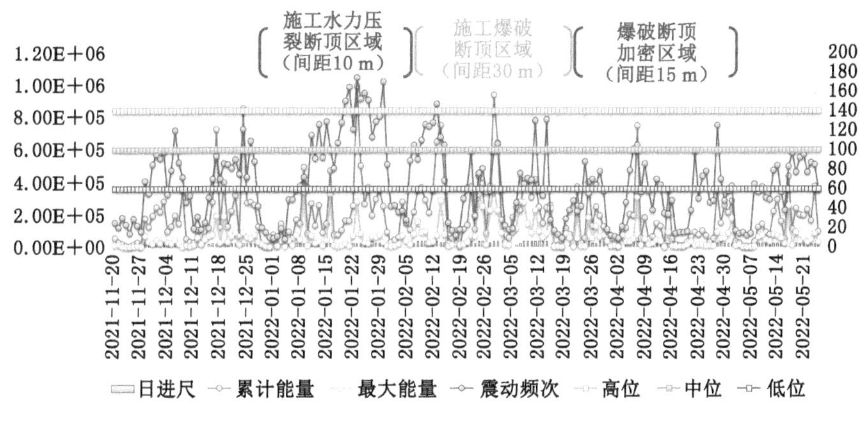

图 6-12 2215 工作面微震事件曲线图

6.3 东滩煤矿巨厚顶板定向水力压裂技术

6.3.1 工程背景

东滩煤矿受高位“红层”影响，矿震活动频次高、震级大，在一定程度上威胁到矿井生产安全，有可能成为矿区社会不和谐因素。其中六采区工作面开采期间矿震事件最为频繁，例如，$63_{上}04$ 工作面及附近区域监测到微震事件 2 187 次，其中能量低于 1×10^4 J 的有 1 948 次，占总次数的 89.1%，震级在 2.0 级以上的有 35 次，占总次数的 1.6%；$63_{上}05$ 工作面回采期间共监测到微震事件 7 857 次，震级在 2.0 级以上的震动 55 次，占震动总次数的 0.7%。

东滩矿对矿震的治理手段主要是煤层超前钻孔预卸压，孔间距不大于 2 m，孔深为 20 m，矿震防治效果不理想，迫切需要区域规模化的治理技术。为此，兖矿集团进行了大量调研，论证采用定向长钻孔分段水力压裂技术治理矿震。本节以 $63_{上}03$ 工作面为例，介绍东滩煤矿定向水力压裂技术。

6.3.2 $63_{上}03$ 综放工作面概况

$63_{上}03$ 综放工作面位于六采区的中部偏上位置，南与 $63_{上}04$ 工作面采空区相邻，北侧为未开采的实体煤区域。$63_{上}03$ 工作面倾斜长度为 255.6 m，走向长度为 1 210.5 m。工作面开切眼西帮至西风井保安煤柱，设计停采线与南翼辅运巷平行，间距为 80 m，具体情况见表 6-10。

表 6-10 $63_{上}03$ 综放工作面位置及井上、下关系表

<table>
<tr><td>煤层名称</td><td>$3_{上}$煤层</td><td>水平名称</td><td>−660 m 水平</td><td>采区名称</td><td>六采区</td></tr>
<tr><td>工作面名称</td><td>$63_{上}03$
工作面</td><td>地面
标高/m</td><td>$\frac{+47.79 \sim +49.32}{+48.799}$</td><td>工作面
标高/m</td><td>$\frac{-635.7 \sim -708.7}{-672.2}$</td></tr>
<tr><td>地面位置</td><td colspan="5">$63_{上}03$ 工作面地面相对应位置位于邹鲍公路以南，小东章村以北</td></tr>
<tr><td>井下位置及
四邻采掘情况</td><td colspan="5">$63_{上}03$ 工作面位于六采区中部，西起开切眼（开切眼两帮与西风井保护煤柱平齐），
东至设计停采线，北邻实体煤，南邻 $63_{上}04$ 工作面采空区</td></tr>
<tr><td rowspan="2">走向长度/m</td><td>轨道顺槽：
1 179.29</td><td rowspan="2">倾斜
长度/m</td><td rowspan="2">255.6</td><td rowspan="2">面积/m^2</td><td rowspan="2">305 747.442</td></tr>
<tr><td>运输顺槽：
1 213.10</td></tr>
</table>

$63_{上}03$ 综放工作面内 $3_{上}$ 煤层厚度为 4.90～5.62 m，平均厚度为 5.25 m，结构简单，煤底正上方 2.30～2.50 m 位置，含 1 层岩性为粉砂质泥岩夹矸，厚度为 0.02～0.03 m，沉积稳定，为回采重要标志层。工作面煤层可采指数 $K_{m}=1$，变异系数 $\gamma=18.36\%$，倾角为 0°～12°，平均值为 6°，普氏硬度系数 $f=2\sim3$。$63_{上}03$ 工作面主要应力为大地静力场型，断层构造发育区段应力集中。工作面采用走向长壁后退式采煤方法、综采放顶煤采煤工艺、全部垮落法。

$63_{上}03$ 综放工作面自 2018 年 11 月 16 日试生产以来，截至 2019 年 2 月 9 日共经历 1 次初次放顶，7 次基本顶周期来压，基本顶初次放顶步距为 50.1 m，周期来压步距最大值为 33.2 m，最小值为 19.5 m，平均值为 25.43 m，工作面动载系数为 1.06～1.21，平均值为 1.1，来压强度不大，来压期间出现工作面煤壁片帮量增大、支架工作阻力增大、安全阀开启等情况。工作面见方影响阶段顶板来压显现明显，动载系数为 1.21，支架载荷增阻明显，煤壁片帮量变大，最大片帮

量约为 800 mm，安全阀开启较多，微震事件较多。上述说明矿震对工作面来压产生了一定影响，工作面的回采安全存在隐患。

6.3.3 工作面矿震情况分析

六采区已回采了 $63_{\text{上}}04$、$63_{\text{上}}05$ 两个工作面，$63_{\text{上}}04$ 工作面回采期间，共发生大能量震动事件 35 次；$63_{\text{上}}05$ 工作面回采期间，发生大能量震动事件 55 次；$63_{\text{上}}03$ 工作面目前共监测到 2.0 级以上震动事件 7 次。

$63_{\text{上}}04$ 工作面及其周围共监测到微震事件 2 187 次，其中能量低于 1×10^{4} J 的 1 948 次，占总次数的 89.1%。震级在 2.0 级以上的有 35 次，占总次数的 1.6%。工作面附近震动主要以小能量震动事件为主，且大部分微震事件发生在工作面采空区及采空区后方，所有大能量事件均发生在工作面后方采空区内高位顶板。$63_{\text{上}}04$ 工作面发生的最大能量事件为 8.8×10^{6} J，约 2.71 级，发生在采空区上方顶板，距回采工作面 418.4 m。具体矿震分布如图 6-13 所示。

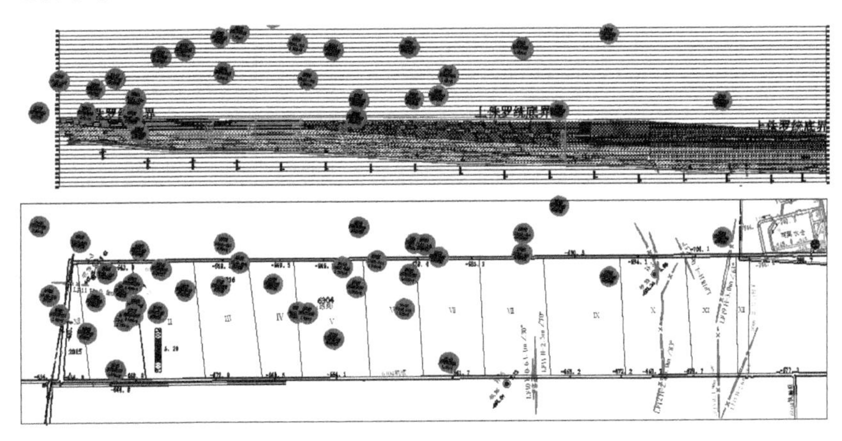

图 6-13　$63_{\text{上}}04$ 工作面矿震事件图

$63_{\text{上}}05$ 工作面回采期间发生 2.0 级以上的震动 55 次，占震动总次数 0.7%。经统计分析，工作面附近震动主要以小能量震动事件为主，而大能量矿震事件均发生在工作面后方采空区内高位顶板内。其中发生最大级别矿震为 3.04 级，能量为 1.45×10^{7} J，发生在采空区上方高位顶板内，距回采工作面 465 m。具体矿震分布如图 6-14 所示。

$63_{\text{上}}03$ 工作面生产以来，在工作面及其周围共监测到微震事件 263 次，其中能量低于 1×10^{4} J 的 180 次，占总次数的 68.4%；能量大于 1×10^{4} J 的 83 次，占总次数的 31.6%；能量大于 1×10^{5} J 的 9 次，占总次数的 3.4%；震级在 2.0

级以上的有 7 次。经对监测到的微震事件分析统计，工作面附近主要以小能量微震事件为主，所有大能量事件均发生在采空区煤层上方 60～110 m 高位顶板内，工作面每推进 15～30 m 出现一次。具体矿震分布如图 6-15 所示。

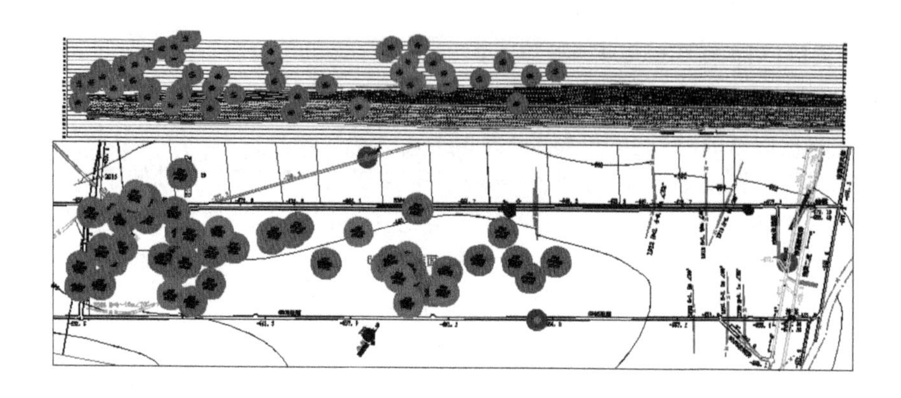

图 6-14　$63_{\text{上}}05$ 工作面矿震事件图

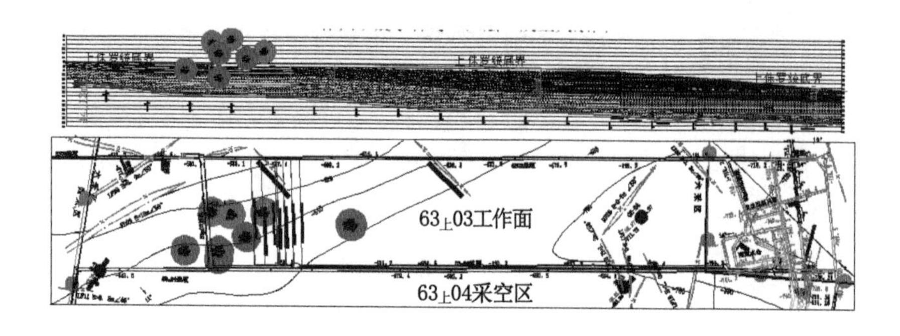

图 6-15　$63_{\text{上}}03$ 工作面矿震事件图

(3) 矿震事件时空分布规律分析

从 $63_{\text{上}}05$ 工作面矿震事件垂向分布情况来看，事件发生在距离 $3_{\text{上}}$ 煤层顶板 20～200 m 之间(图 6-16)，总体上无明显规律，但从回采见方单元来看，矿震事件发生位置距离 $3_{\text{上}}$ 煤层顶板呈由低向高发展趋势，在一次见方、二次见方、三次见方位置附近出现高点，说明矿震事件的发生由低到高逐步发生，下关键层首先断裂，随着回采工作面的推进，地应力的聚集，各个关键层依次断裂，矿震的频率和强度与关键层层数、厚度、埋深和回采规模有一定关系。

从矿震事件平面分布情况来看，矿震事件发生在距离工作面 0～1 000 m

处,大部分发生在距离工作面 50～500 m 处,总体规律不明显,在二次见方,有由近及远的发展趋势。说明采空区悬顶空间比较大,发生矿震事件的范围比较大。

从相邻事件点距离情况来看(图 6-17),相邻点距离为 0～100 m,大部分是在 0～40 m 之间,平均为 20 m,这与周期来压步距一致。从地表下沉情况来看,已采采空区 450～970 m,下沉量为 3.4～4 m,基本稳定。从矿震事件监测数据来看,已采采空区并未发生矿震事件。说明矿震事件主要发生在进行回采的工作面处。

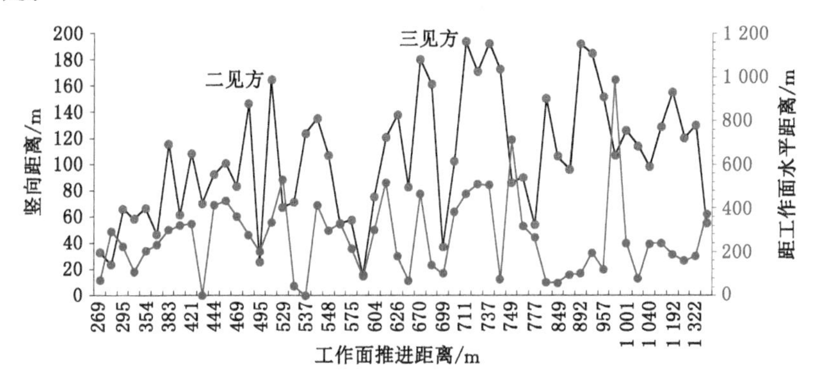

图 6-16 矿震事件垂向和水平方向分布图

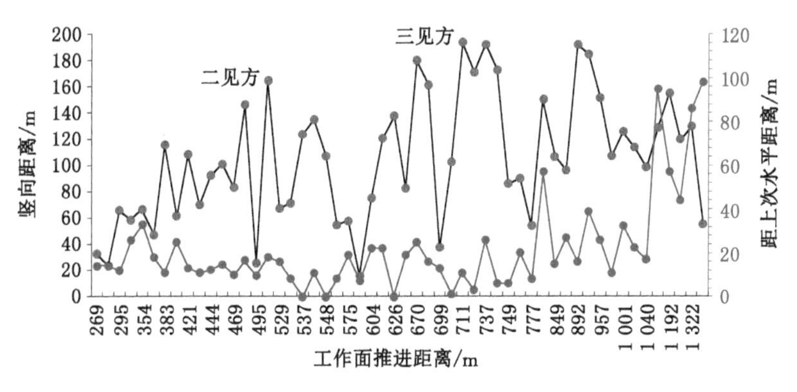

图 6-17 矿震事件相邻点距离图

6.3.4 实施方案

(1) 压裂施工地点

压裂地点布置在六采区 $3_{上}$ 煤层 $63_{上}03$ 工作面(图 6-18、图 6-19),钻场设置

在 $63_{上}03$ 工作面运顺联巷以内 45 m 处。

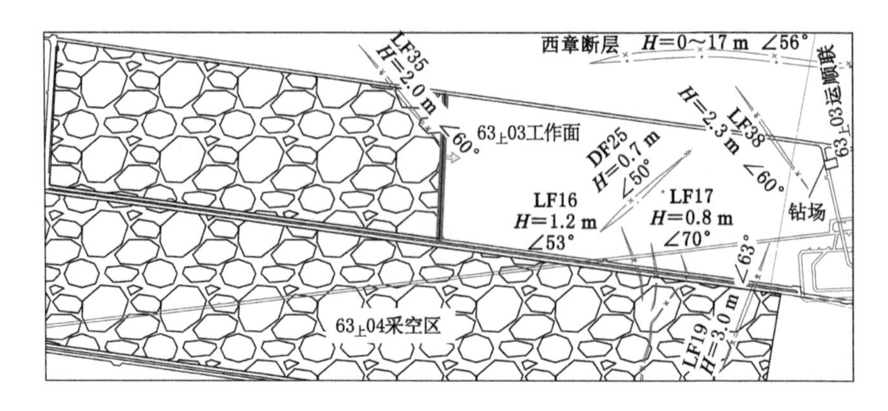

图 6-18　$63_{上}03$ 工作面工程布置及钻场位置图

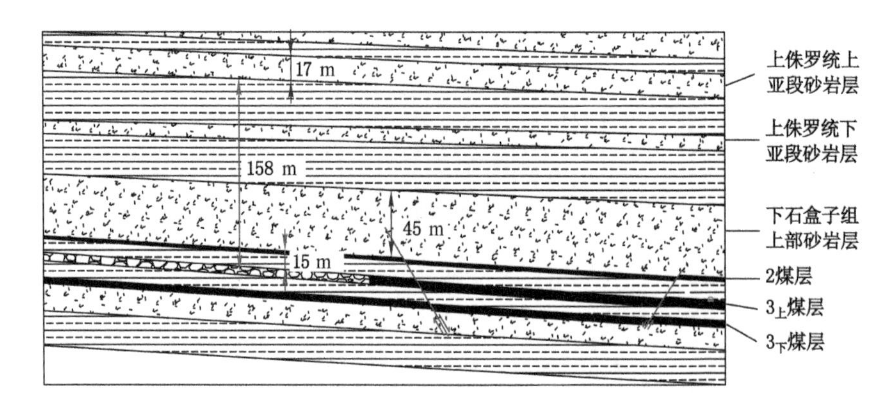

图 6-19　$63_{上}03$ 工作面剖面图

（2）钻孔布置

基于东滩煤矿 $63_{上}03$ 工作面实际情况，在 $3_{上}$ 煤层顶板布置 4 个钻孔。钻孔布置在 $3_{上}$ 煤层上方顶板中。$2^{\#}$、$3^{\#}$、$4^{\#}$ 钻孔布置在煤层上方竖直距离约 35 m 处，钻孔间距设置为 60 m。同时，根据相邻工作面来压情况和矿震事件分析，距离 $3_{上}$ 煤层顶板 120～140 m 的上侏罗统下段上亚段砂岩层，层厚 17 m 左右，有一批震点在该层附近，分析认为该层位砂岩较厚，不能随着下层的垮落而垮落，形成悬顶，因此在此层布置一个水力压裂钻孔，即 $1^{\#}$ 钻孔。

（3）钻孔参数设计

钻孔参数见表 6-11。$1^{\#}$～$4^{\#}$ 钻孔设计如图 6-20 至图 6-23 所示。

表 6-11　钻孔设计参数表

钻孔编号	孔径/mm	146 套管直径/m	开孔高度/m	孔深/m
1#	120	70	2.5	750
2#	120	60	2.5	600
3#	120	60	2.5	600
4#	120	60	2.5	600
合计				2 550

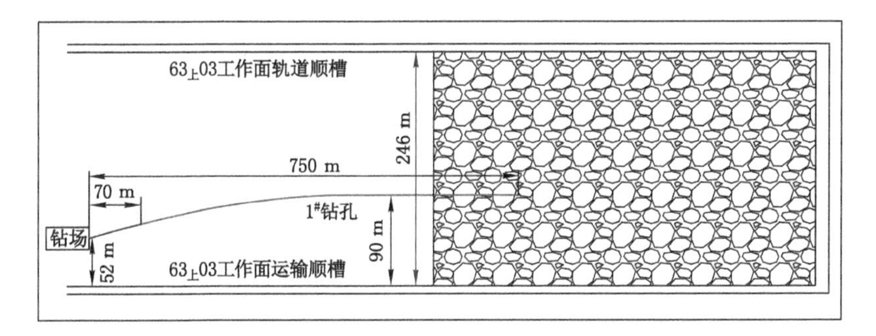

图 6-20　1# 钻孔设计平面图

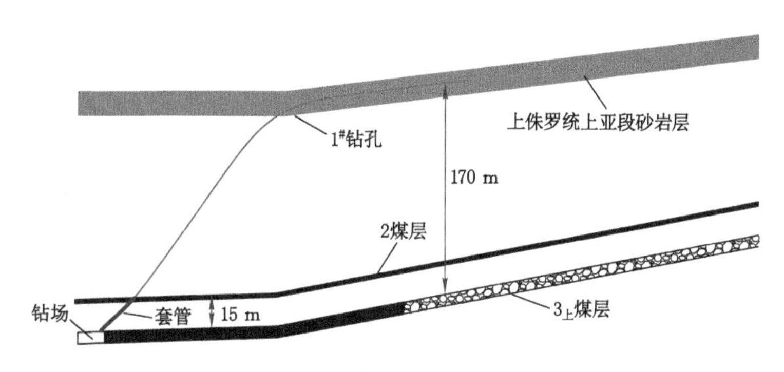

图 6-21　1# 钻孔设计剖面图

(4) 钻探及封孔设备

钻孔孔径为 120 mm，钻孔孔深为 670 m，钻机装备选用 ZDY12000 型钻机。为提高分段水力压裂封孔效果，采用专用封隔器进行封孔，钻孔封孔效果示意图如图 6-24 所示。

(5) 分段压裂参数设计

分析地面石油、页岩气及煤层气开发分段水力压裂工艺技术和国内井下应用的分段压裂工艺技术，由于压裂钻孔较深、压裂段数较多，为提高分段压裂作

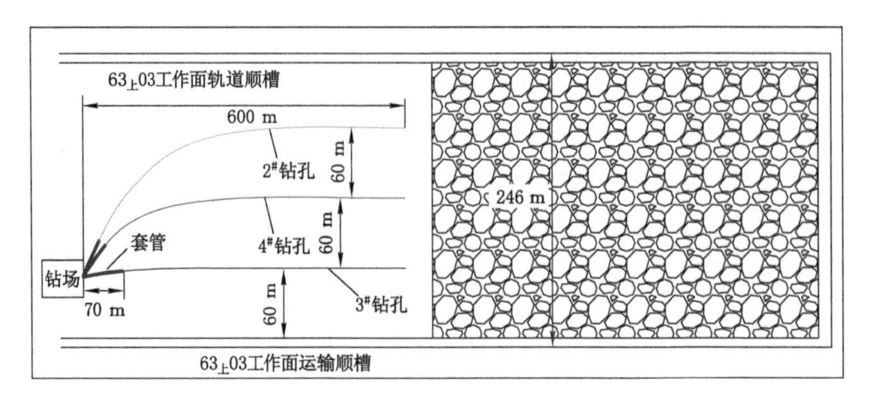

图 6-22 2# ～4# 钻孔设计平面图

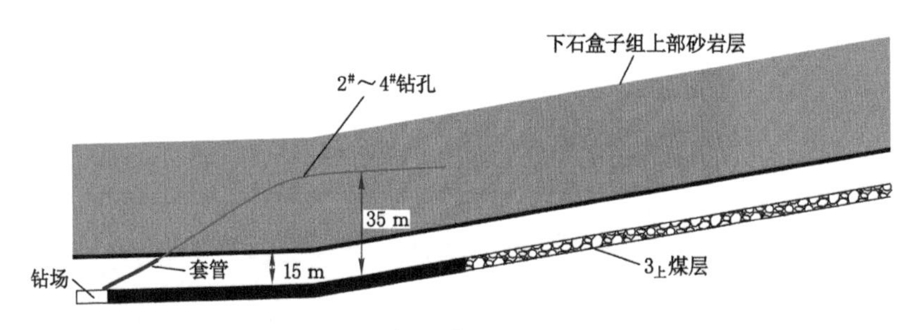

图 6-23 2# ～4# 钻孔设计剖面图

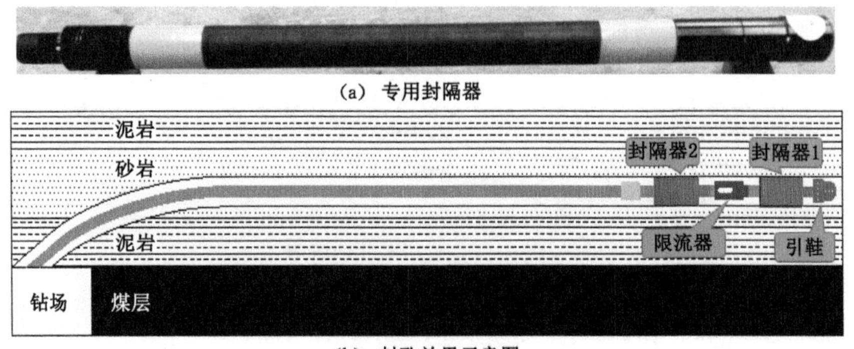

图 6-24 封隔器及封孔效果示意图

业质量和效率，采用较为成熟的定点多段拖动管柱压裂工艺，如图 6-25 所示。

东滩煤矿三、六采区地应力测试报告表明：六采区最大水平主应力为 24.96～27.12 MPa，竖直应力为 17.37～18.47 MPa，最小水平主应力为 9.69～

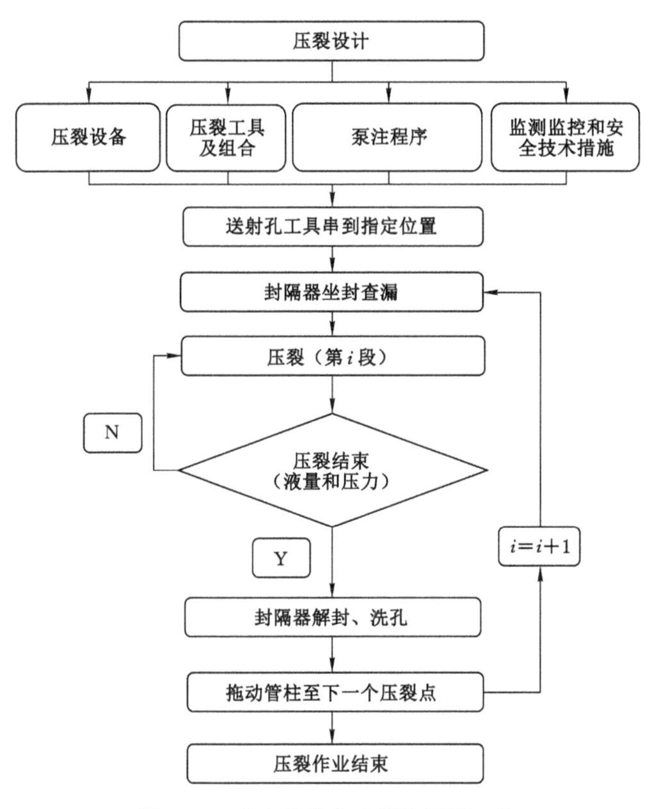

图 6-25 定点多段拖动管柱压裂工艺

10.56 MPa。最大主应力方向为 150°。由地应力测试可知：裂缝是倾斜缝，裂缝倾角小于 45°，竖直应力与埋深计算应力一致，说明该处构造应力主导。最大水平主应力方向的方位角为 150°，钻孔布置方向与最大水平主应力方向夹角为 68°，钻孔布置方向是合理的。

根据理论分析起裂压力和模拟结果大致设置分段压裂参数：

① 压裂液：选择清水作为压裂液。

② 破裂压力：估算破裂压力为 18～23 MPa，以实际施工破裂压力为准。

③ 压裂间距：设计压裂段间距为 30 m。

④ 注水量：设计单段注水量为 50 m^3。单孔注水 500 m^3。

顶板孔施工压力和排量要求较高，使用 BYW65-400 型压裂泵组。

采用能够满足裸眼长钻孔分段压裂施工要求的压裂工具（现场选用西安研究院研发的压裂工具）。

(6) 钻孔施工及压裂情况

以 3# 钻孔为例，3# 钻孔按 16.7°开孔，钻进 68 m 后通过 2 煤进入稳定岩层，三次扩孔后下套管 62 m，注浆固孔后继续定向钻进，钻进期间层位、轨迹控制较好，钻孔深度 596 m，钻孔距 $3_上$ 煤垂高约 35 m。为掌握孔内岩层变化情况，3# 钻孔从套管段以上区域每 3 m 取钻渣一次，作为压裂时位置选择依据。

压裂设备送至距孔底 30 m 处并开始压裂，设计压裂 12 段，实际压裂完成 14 段，每段注水量均为 50 m^3 左右。该孔虽然压裂，但是工作未出现异常情况，受岩层条件和流量限制，实际压裂效果并不理想，仅在第 5、6、14 段压裂时出现 2 次压降，最大起裂压力为 26.7 MPa，第 3、4、7、10 段压裂时因岩层条件和流量限制未出现明显压降，其余各段仅出现一次压降，破裂情况以微破裂为主。其中，第 6 段和第 14 段压裂施工曲线分别如图 6-26 和图 6-27 所示。

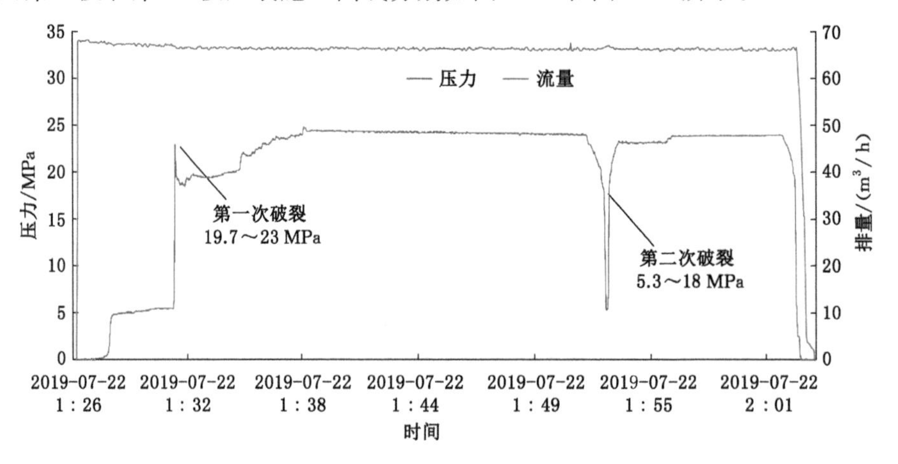

图 6-26　3# 孔第 6 段压裂施工曲线图(细砂岩)

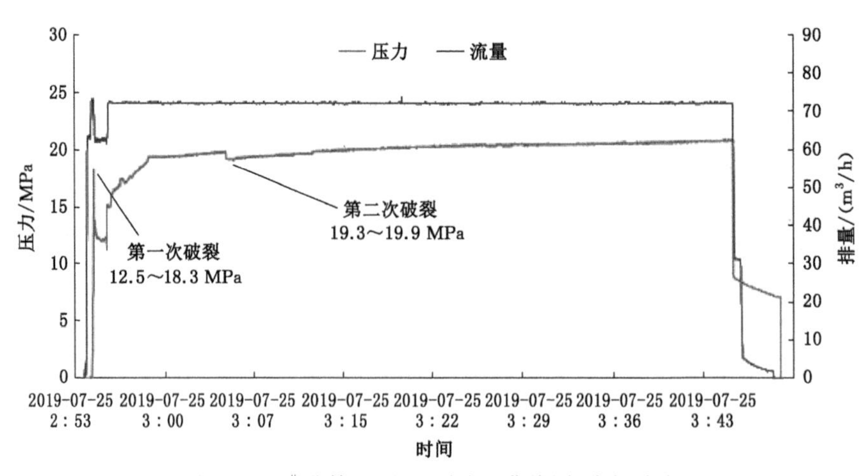

图 6-27　3# 孔第 14 段压裂施工曲线图(中粗砂岩)

7 结语与展望

7.1 结语

冲击地压防治是一项系统工程,在煤矿生产过程中采用科学的标准与方法对现场进行有效管理与控制,是确保相关防冲规章制度和技术措施落实落地以避免冲击地压事故。

在深入践行习近平总书记"人民至上、生命至上"理念的基础上,兖矿能源在山东能源集团的统一领导与部署下,坚决贯彻国家矿山安全监察局决策部署,全面落实山东省委省政府各项要求,践行"1220"冲击地压灾害管控模式:树立能量超限就是事故的理念,完善防冲管理和技术"两大体系"坚持"布局合理、生产有序、支护可靠、监控有效、卸压到位"防冲方针,有力提升了冲击地压灾害防治水平。兖矿能源在持续深化"1220"管控模式的基础上,构建了"3456"防冲现场管理模式,进一步强化源头防范和区域治理,全面加强技术攻关、装备提升、安全投入和现场管理,坚决打赢煤矿灾害防治攻坚战,为我国煤炭行业安全、高质量发展作出更大贡献。

7.2 展望

随着我国煤矿开采强度和开采深度的不断增加,冲击地压灾害已成为威胁我国煤矿安全生产的重大灾害之一,尽管国内外众多学者在冲击地压现场管理方面取得了一定成绩,但仍有许多方面需要进一步研究:

(1) 如何精准甄别潜在冲击危险区域,并消除、规避冲击源头,对煤矿现场冲击地压防治具有重要意义。通过全空间与全周期的连续长时监测,从逻辑上和时间上找到应力源头,实现全矿井全空间透明,并构建冲击地压源头监测预警技术框架,是未来冲击地压监测主要的发展方向。

(2) 目前人工卸压钻孔效率低、劳动强度大、风险高,卸压装备水平直接影响现场防冲工程施工效率和工程质量。研发并推广应用智能化与无人化的高效智能防冲装备是未来冲击地压防治的主要发展方向。

(3) 随着浅部煤炭资源日趋枯竭,开发深部煤炭资源是必然趋势,但深部条件更趋复杂,冲击地压灾害防治面临诸多困难和挑战,探索与借鉴新技术、新工艺势在必行。

附　录

附录A　鄂尔多斯矿区SOS矿震井地一体融合监测

A.1　建设背景

无法实现对石拉乌素煤矿远场采空区、高位厚硬顶板、低位底板、独头掘进巷道等复杂环境下的矿震进行精准定位，地面塌陷类型的顶板垮塌型矿震频发，给现有矿井微震监测带来巨大挑战：

(1) 受限于井下微震监测传感器布置的客观条件，现有监测台网无法形成全覆盖的空间立体监测台网，特别是对发生在远场采空区、高位厚硬顶板的强矿震，总是存在定位精度较低的弊端。

(2) 受限于现有技术，无法满足地面布设传感器所需的布线要求，地面传感器的安装与使用总是困难重重，导致空间定位精度一直无法满足现场需求，无法用于精准确定强矿震破裂发生的顶板层位，也导致计算的强矿震能量误差较大。

(3) 强矿震空间定位与能量计算是开展监测预警的前提，台网建设的优劣是影响微震监测精度的最关键因素。布设合理性较差的台网不仅给分析、报警带来困难，还容易导致出现信号漏检问题，无法完整跟踪确定围岩的破裂演化过程。

(4) 冲击危险性监测预警结果的可靠性对制定针对性的防冲治理措施意义重大，如果无法精准确定强矿震破裂发生的顶板层位，导致对高位顶板采取防治措施施工层位的选择缺乏合理的指导意义。

石拉乌素煤矿大矿震事件多发，面临较为严重的冲击地压威胁。目前井下已经安装部署了SOS微震监测系统，但由于井下巷道及煤层多数为近水平，无法对采场进行三维立体式包围，对于高位、厚硬顶板的定位精度较低，无法对高位顶板采取有针对性的防治措施。SOS矿震井地一体融合系统的建设，不但可以提高矿井的监测能力，而且可以精确确定矿震发生层位及其震源机制，为深入研究强矿震的发生机理、发生的原因及规律、风险评估及预测奠定基础。

A.2 建设思路与目的

SOS矿震井地一体融合系统以现有的SOS微震监测系统为基础，借助地震领域成熟的监测技术与装备，通过二次开发进行井上与井下监测系统架构重组、监测信息授时同步、数据整体打包与分发的关键技术研究，建设井上、井下全天候、全天时立体矿震监测网络。对井上部分，主要依靠吸收引进地震监测领域的成熟技术，包括4G(5G)通信技术、高精度GPS授时技术、高精度三分量传感技术，建设可靠、稳定、环境适应能力强的地面监测台网；实现井下与井上之间监测台网的架构融合，升级与改造现有SOS微震系统授时模式，通过对井上和井下监测网络内各模块的高精度GPS授时管理，大幅度减少各采集单元之间的数据时间对齐偏移量；为实现全网矿震监测数据融合，重新开发一套可同步采集井下与井上传感数据的通信与采集的专用软件，通过多种通信方式，利用GPS实现各矿区井下与井上之间监测数据的无延时融合。

SOS矿震井地一体融合系统的建设，不但可以提高矿井的监测能力，而且可以精确确定矿震发生层位及其震源机制，为矿井深入研究强矿震的发生机理、发生的原因及规律、风险评估及预测奠定基础。

A.3 SOS矿震井地一体融合监测系统简介

A.3.1 系统组成结构

SOS矿震井地一体融合监测系统主要包括井上矿震高精度三分向监测系统和井下SOS微震监测系统。该系统借助地震领域成熟的监测技术与装备，通过井上与井下监测系统架构重组、监测信息授时同步、数据整体打包与分发的关键技术研究，建设井上、井下全天候、全天时立体矿震监测网络。

井下部分主要包括微震信号采集站、微震信号记录存储仪、震动信号分析计算机、UPS电源、拾震传感器和电缆、接线盒等，其结构如附图A-1所示。

地面部分主要由新一代基于网络的ET-GSY矿震高精度三分向监测仪和配套供电、监控、数据传输等设备组成，矿震高精度三分向监测仪如附图A-2所示。

通过对井上和井下监测网络内各模块的高精度GPS授时管理，大幅度减少各采集单元之间的数据时间对齐偏移量，实现全网矿震监测数据融合，融合系统结构如附图A-3所示，融合系统数据传输如附图A-4所示。

(a) DLM-SO微震信号采集站

(b) AS-1微震信号记录存储仪

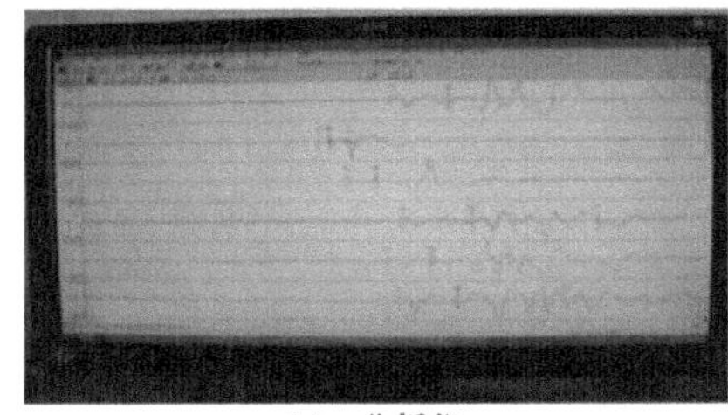

(c) 分析仪

(d) DLM2001拾震传感器

附图 A-1 SOS 微震监测系统组成

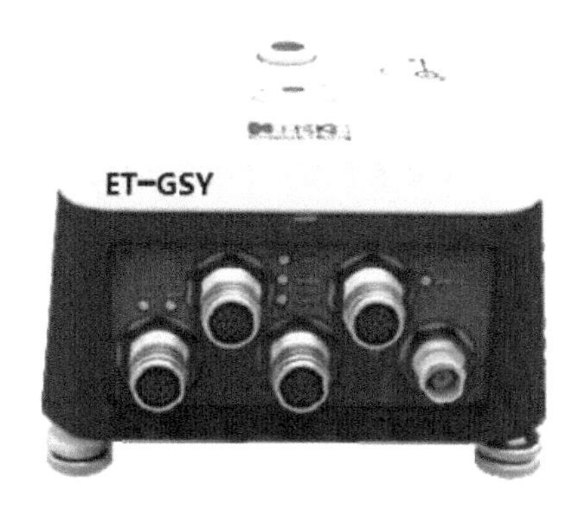

附图 A-2 矿震高精度三分向监测仪(ET-GSY)

A.3.2 系统功能及特点

(1) 系统配备井下 DLM2001 拾震传感器和 ET-GSY 地面高精度三分向监测仪两种高性能监测仪器,组成井地一体台网;

(2) 井下微震监测台网和地面监测台网优化布置,可有效形成矿井区域与局部井地一体化立体监测台网;

(3) 通过井下台网监测和地面台网监测的技术融合,研发了矿震井地一体融合监测系统采集软件(MUDJSeismic)和分析软件(MUDJSeisLoc、MUDJ-

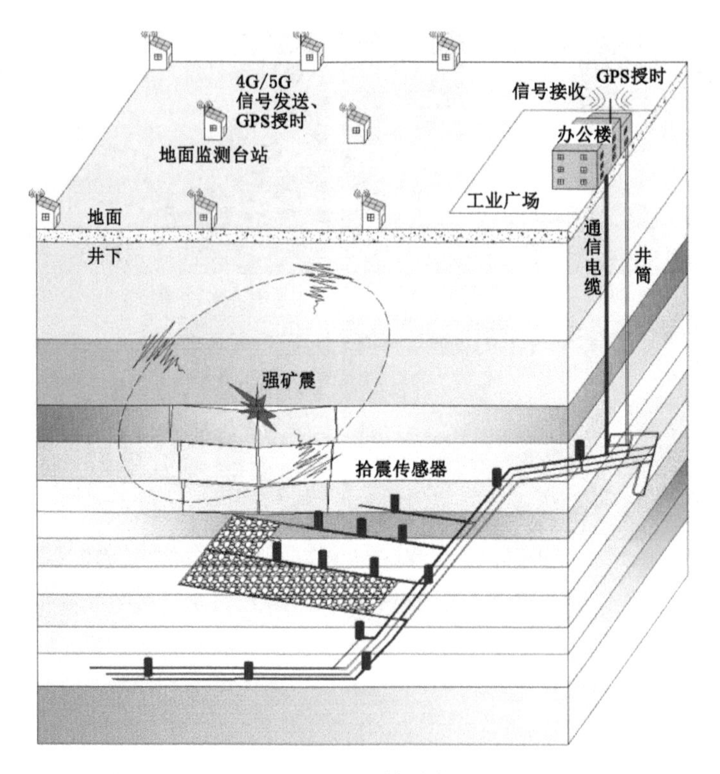

附图 A-3　SOS 矿震井地一体融合监测系统结构图

SeisWave)，实现井上、下监测数据快速、高精度一体化融合；

(4) 系统优化了井上、下监测台网供电和传输方式：井下台网采用有线供电和有线传输，地面台网采用太阳能供电、4G/5G 无线传输；

(5) 可大幅度提升矿井区域与局部立体空间台网的覆盖率，提高矿震定位准确性(特别是垂直方向)，将定位精度控制在 3～15 m，有效降低强矿震监测定位的误差，精准确定强震破裂发生的层位；

(6) 拾取 100 J 以上震动信号并进行定位和能量分析，有效提高 5 次方以上强矿震事件的定位精度；

(7) 系统立体监测台网可以形成采掘区域立体包围的射线群，通过 CT 反演技术精准获得围岩的三维波速和应力场分布，为研究采掘过程围岩三维应力演化机制提供技术手段；

(8) 系统可提供丰富的矿震震源参数信息，如地震距、震源破裂半径、拐角频率、视应力和应力降等，供矿方深入研究冲击地压发生机理、矿震发生规律、震源机制的求解、风险评估、优化三维波速反演模型及预测预警等。

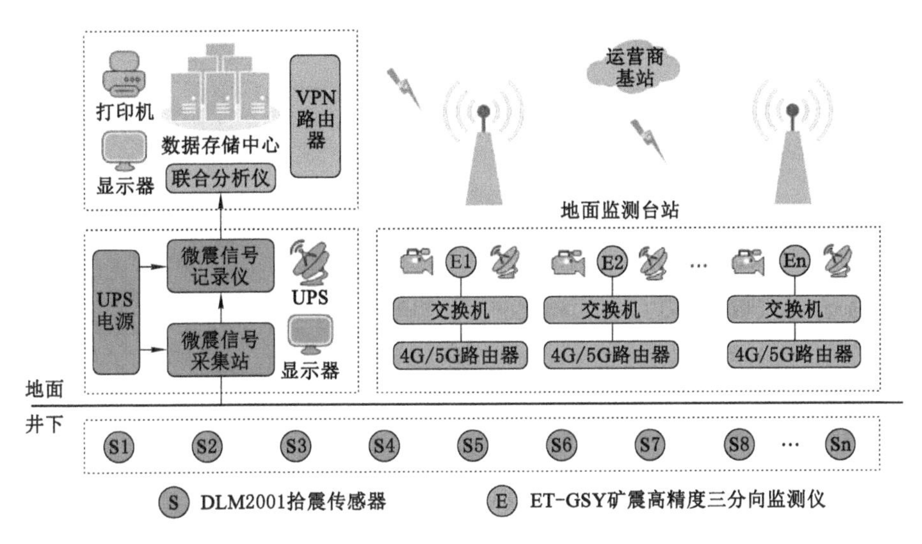

附图 A-4　SOS 矿震井地一体融合监测系统传输示意图

A.4　融合监测系统建设方案

A.4.1　系统建设流程

附图 A-5 为系统建设流程。

A.4.2　台网布置与系统监测台网布置方案

井上监测台网合理布置的目的是提高震源定位精度，尽可能多地获取有用信息，减少干扰，覆盖目前重点区域并兼顾潜在危险区域，以及方便监测台网随开采区域变化转移。

监测台站位置勘选是实现 SOS 矿震井地一体融合监测系统运行可靠、保证监测质量的关键环节。台站选址要在优化台网布局的基础上，根据现场实际情况确定。在勘选过程中，开展现场考察和场址测试工作，优选背景噪声低、远离干扰源的理想场所，以保障未来监测数据的质量和监测能力。

根据石拉乌素煤矿地质地理信息、采场接续计划及矿井实际需求，结合地震台网建设特点，石拉乌素煤矿井地一体的全天候、全天时空间立体矿震监测系统采用井上、井下联合布置方式，提高 SOS 矿震井地一体融合监测系统定位精度。

(1) 地面 ET-GSY 矿震高精度三分向监测仪监测台网布置情况

地面布置 8 个台站(E1、E2、E3、E4、E5、E6、E7、E8)。地面台站可随重点监测的采掘工作面接续变化而调整安装位置。

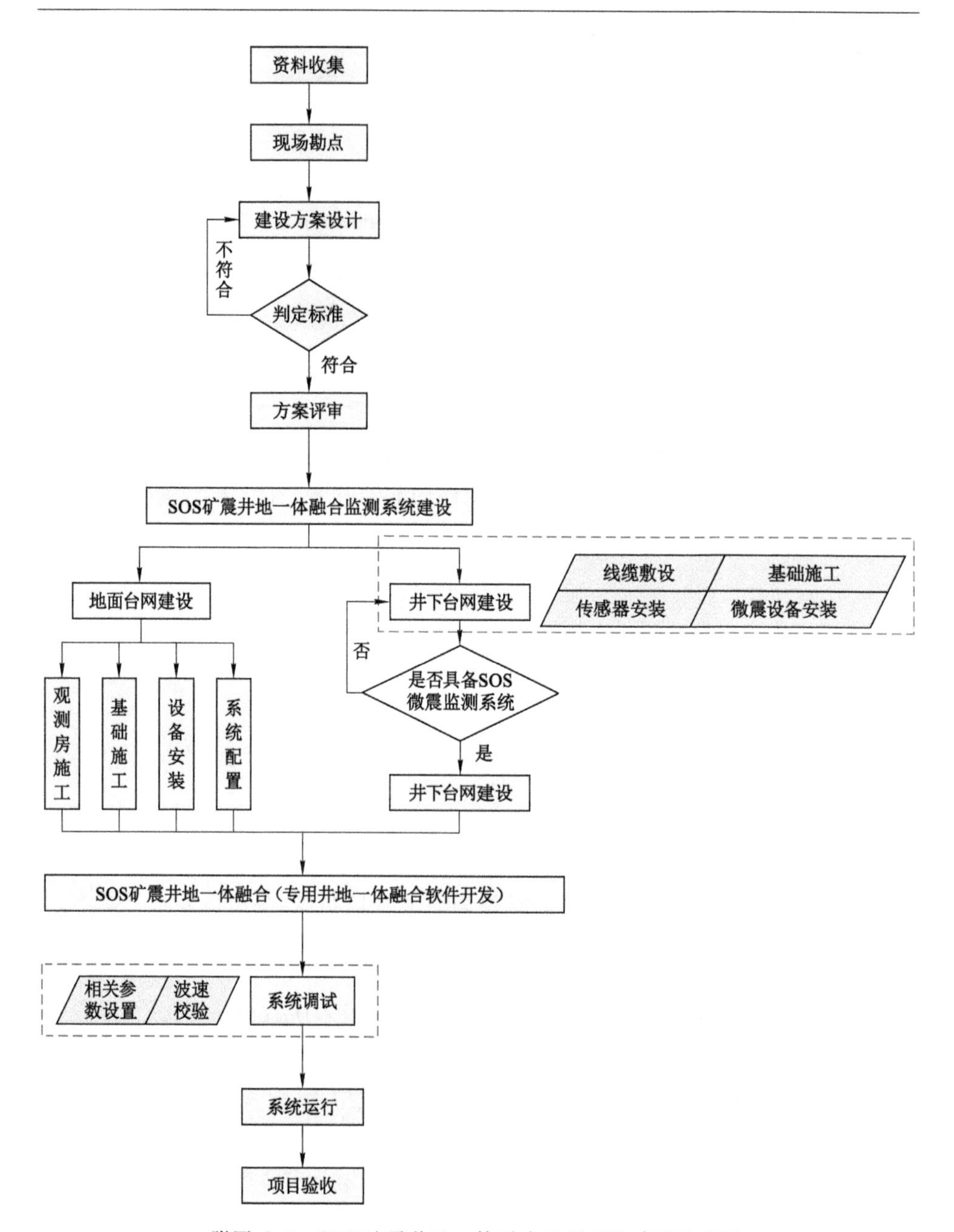

附图 A-5　SOS 矿震井地一体融合监测系统建设流程图

地面 8 个强震动加速度仪位置信息见附表 A-1。

附表 A-1　地面 8 个强震动加速度仪位置信息

序号	台站名称	X 坐标/m	Y 坐标/m	Z 坐标/m
1	E1	19 381 853.976	4 323 127.916	1 405.785
2	E2	19 383 491.111	4 323 183.410	1 344.981
3	E3	19 382 608.714	4 322 449.099	1 391.665
4	E4	19 381 865.168	4 321 677.208	1 359.570
5	E5	19 383 510.331	4 321 762.479	1 390.201
6	E6	19 382 666.622	4 320 947.979	1 351.233
7	E7	19 381 895.160	4 320 208.642	1 340.838
8	E8	19 383 448.725	4 320 226.136	1 355.443

（2）SOS 微震监测系统台网布置情况

SOS 微震监测系统共布置 22 个拾震传感器（S1、S2、S3、S4、S5、S6、S7、S8、S9、S10、S11、S12、S13、S14、S15、S16、S17、S18、S19、S20、S21、S22），22 个 DLM2001 型微震拾震传感器位置信息见附表 A-2。

附表 A-2　22 个 DLM2001 型微震拾震传感器位置信息

序号	传感器编号	X 坐标/m	Y 坐标/m	Z 坐标/m
1	S1	19 380 709.010	4 324 569.410	670.000
2	S2	19 382 523.710	4 321 505.300	692.990
3	S3	19 382 756.640	4 322 489.720	693.260
4	S4	19 382 493.170	4 322 201.480	696.800
5	S5	19 382 492.860	4 322 681.220	692.800
6	S6	19 381 111.010	4 324 567.800	683.010
7	S7	19 383 088.590	4 318 554.450	696.600
8	S8	19 381 595.670	4 323 178.940	666.800
9	S9	19 382 798.280	4 317 953.020	689.200
10	S10	19 382 183.570	4 319 004.010	691.800
11	S11	19 382 491.330	4 321 072.610	692.300
12	S12	19 382 492.420	4 320 856.590	690.000
13	S13	19 382 780.950	4 322 183.560	697.000
14	S14	19 382 780.210	4 320 853.730	695.900
15	S15	19 382 788.220	4 321 112.450	700.600
16	S16	19 383 088.590	4 318 102.450	692.700
17	S17	19 381 883.360	4 320 194.250	681.900
18	S18	19 380 649.230	4 324 170.050	666.000
19	S19	19 381 055.790	4 324 168.610	681.010

附表 A-2(续)

序号	传感器编号	X 坐标/m	Y 坐标/m	Z 坐标/m
20	S20	19 383 460.600	4 323 077.900	700.100
21	S21	19 383 460.700	4 323 448.900	699.000
22	S22	19 380 836.100	4 321 649.439	1 338.000

全矿井上、下共布置 30 个监测台站：井上布置 8 个台站；井下共布置 22 个 SOS 微震监测系统拾震传感器。重点监测 $221_{上}03$ 回采工作面和 $221_{上}08$ 回采工作面的矿震信号，同时兼顾 $221_{上}05$ 胶运顺槽掘进工作面、$221_{上}10$ 中间巷掘进工作面及远场采空区，重点提升上方赋存高位厚硬顶板、低位底板等复杂环境下的强矿震事件的监测水平。石拉乌素煤矿 SOS 矿震井地一体融合监测系统台网布置情况如附图 A-6 所示。

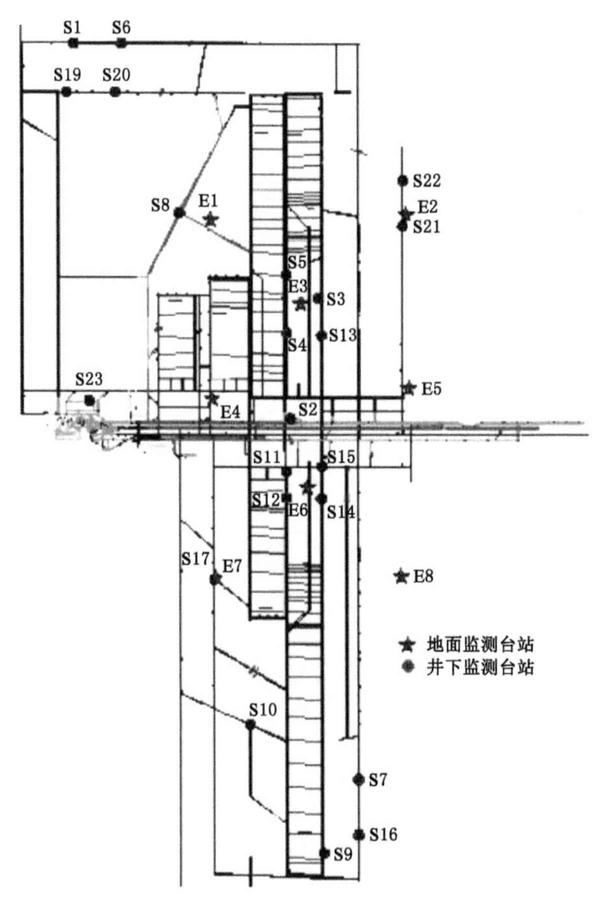

附图 A-6 石拉乌素煤矿 SOS 矿震井地一体融合监测系统台网布置图

A.5　SOS 矿震井地一体融合监测效果分析

A.5.1　数据记录统计

选取石拉乌素煤矿微震监测数据，对比分析矿震井地一体融合监测系统与SOS 微震监测系统数据记录情况、有效波形文件信息等，见附表 A-3。

附表 A-3　SOS 微震监测系统与井地一体记录数据情况

统计时间	SOS 微震监测系统		矿震井地一体融合监测系统	
	波形总数	有效波形	波形总数	有效波形
2022 年 4 月 26 日至 2022 年 4 月 27 日	85	20	155	68
2022 年 4 月 28 日至 2022 年 4 月 30 日	168	36	218	64
2022 年 5 月 1 日至 2022 年 5 月 10 日	304	52	449	81
2022 年 5 月 11 日至 2022 年 5 月 15 日	63	9	143	19

对统计的 SOS 微震监测系统与矿震井地一体融合监测系统记录数据数量、有效数量分析可知：矿震井地一体融合监测系统在相同时间段内记录波形的总数、有效波形的数量相较于 SOS 微震监测系统更多、更准确，由于矿震井地一体融合监测系统增加了 8 个地面监测台站，在相同记录参数条件下，通道数越多越容易达到触发条件，因此记录的数据总量和有效性都更高。

A.5.2　数据统计分析

选取石拉乌素煤矿 2022 年 4 月 28 日至 5 月 15 日的监测数据，对比分析矿震井地一体融合监测系统与 SOS 微震监测系统数据分布情况，见附表 A-4。

附表 A-4　矿震数据统计

能量分级/J	SOS 微震监测系统检测到的矿震/J	矿震井地一体融合监测系统检测到的矿震/J
$0\sim1\times10^2$	8	17
$1\times10\sim1\times10^3$	85	93
$1\times10^3\sim1\times10^4$	55	39
$1\times10^4\sim1\times10^5$	12	12
$1\times10^5\sim1\times10^6$	4	3

(1) 数据平面分布

分别将石拉乌素煤矿 2022 年 4 月 28 日至 5 月 15 日的 SOS 微震监测、井地一体监测数据投至采掘工程平面图上,如附图 A-7 和附图 A-8 所示。

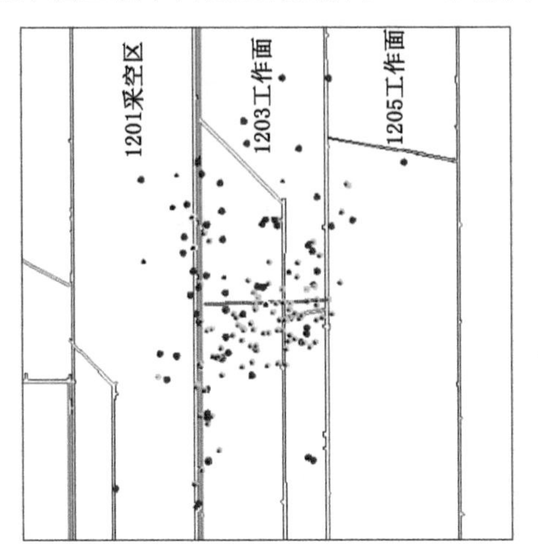

附图 A-7 SOS 微震监测系统获得数据投影在采掘工作平面图上

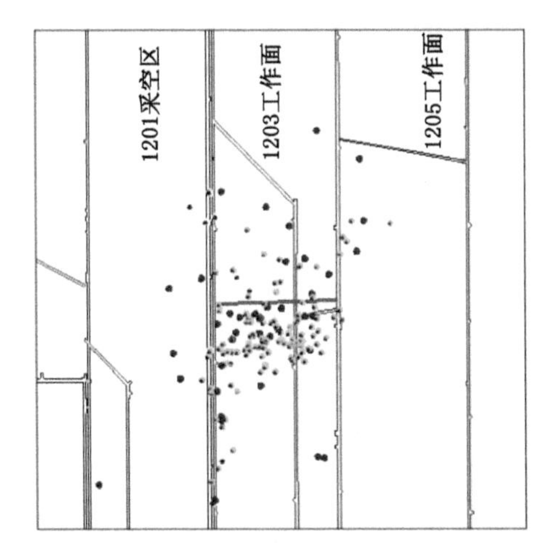

附图 A-8 矿震井地一体融合监测系统获得数据投影在采掘工作剖面图上

从平面位置来看,SOS 微震监测系统与矿震井地一体融合监测系统分布区域差别不大,主要集中在工作面前后及两顺槽、采空区内,且井地一体监测系统数据更加集中,离散程度相对较低,这是因为地面台站 E3 位于工作面正上方,提高了震源平面定位精度。

(2) 数据空间分布

分别将石拉乌素煤矿 2022 年 4 月 28 日至 5 月 15 日的 SOS 微震监测、井地一体监测数据投至剖面图上，如附图 A-9 和附图 A-10 所示。

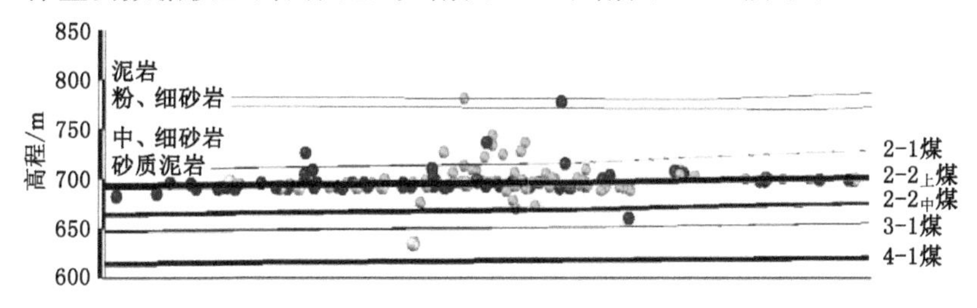

附图 A-9　SOS 微震监测系统获得数据投影在采掘工作平面图上

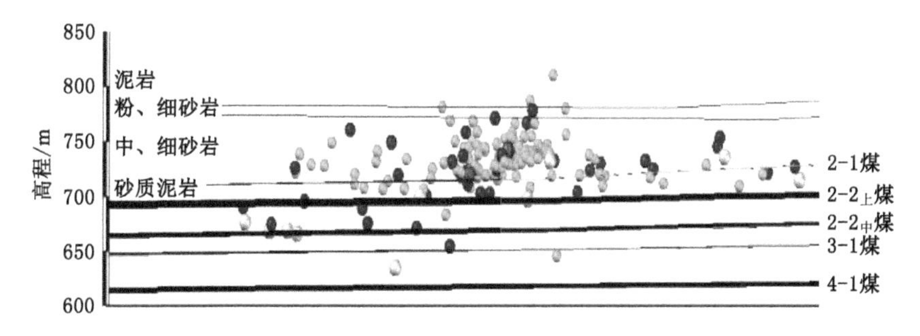

附图 A-10　矿震井地一体融合监测系统获得数据投影在采掘工作剖面图上

从数据剖面图可以看到：SOS 微震监测系统数据集中分布于 $2\text{-}2_{上}$ 煤层中，少量震源分布于顶板和底板，造成这一现象的主要原因是 SOS 微震监测系统传感器全部分布于井下两顺槽，近水平煤层造成传感器分布单一，不能对工作面形成三维立体包围，因此在竖直方向上的定位误差相较于水平方向上的更高。对比分析矿震井地一体融合监测系统，震源集中分布在距工作面顶板 50～100 m 范围内，此位置为 1203 工作面的关键层，岩性为中、细砂岩。因此，矿震井地一体融合监测系统在竖直方向上的误差相较于 SOS 微震监测系统的更低。

A.5.3　数据监测范围

地面台站间距：从探头接收到波形的最小能量云图来看，台站在距离监测中心 1 km 范围内，可监测 500～10 000 J 能量的事件，如附图 A-11 所示。

A.5.4　重点矿震分析

2022 年 5 月 2 日 16 时 54 分，石拉乌素煤矿 1208 工作面发生了大能量矿震

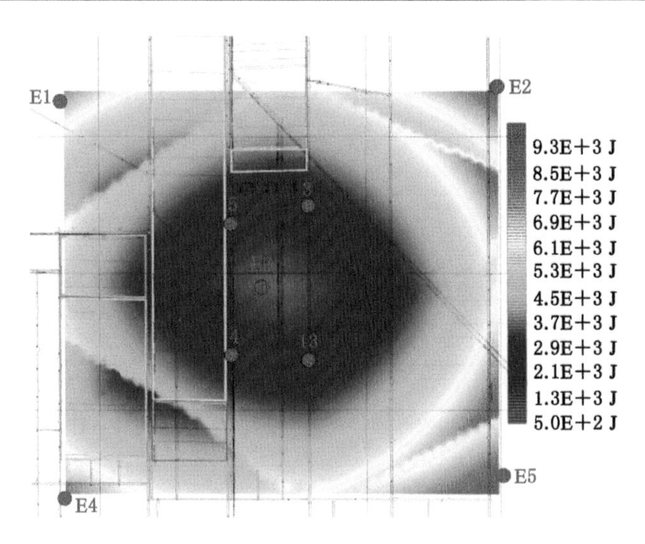

附图 A-11　探头接收到波形的最小能量云图

事件，井下无明显动力显现，地面有震感。矿震井地一体融合监测系统准确、清晰地记录了该震动波形，井下拾震传感器 18 个通道波形均清晰可见。地面 8 个 ETGSY 强震仪全部接收到该矿震信号。根据波形到时先后排序和井上下动力显现情况初步判断由高位、远场厚硬顶板破断引起。

综上所述，SOS 矿震井地一体融合监测系统有效解决了因环境受限导致矿井重点监测区域台网不能形成空间包围的问题，大幅度提升了矿井区域与局部立体空间台网的覆盖率，提高了矿震定位精度，有效降低了强矿震监测的空间定位的误差，震源水平和竖直方向的定位误差可以控制在 15 m 以内。

附录 B　济宁三号煤矿高冲击风险综放工作面防冲实践

B.1　工作面基本情况

(1) 概况

工作面位置：$183_{下}05$ 工作面位于十八采区西北部，埋深为 785～826 m，平均埋深为 805 m。

工作面尺寸：$183_{下}05$ 工作面为“刀把”工作面，“刀把”段宽度为 214 m，“扩面”段宽度为 280 m，走向推进长度为 1 965 m，如附图 B-1 所示。

工作面煤厚、倾角与煤层标高：煤厚度为 1.5～6.4 m，平均厚度为 4.19 m，煤层倾角最大值为 13°，平均值为 4°。地面标高为＋32.53～＋33.93 m，平均值为＋33.03 m；工作面标高为－752.3～－792.0 m，平均值为－772.1 m，工作面平均埋深为805 m，最大开采深度为826 m。

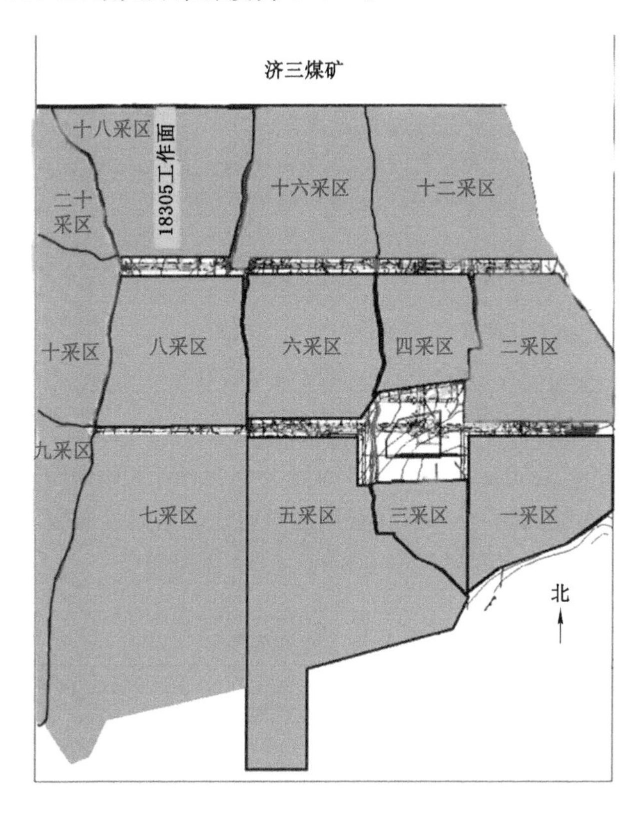

附图 B-1　采区分布图

(2) 工作面四邻情况

南段：$183_{下}05$ 工作面胶带顺槽南段位于 $183_{上}06$(南)工作面采空区下方。

中段：中段位于 $183_{上}06$(南)工作面和 $183_{上}06$(北)工作面煤岩柱下方。

北段：北段位于 $183_{上}06$(南)工作面采空区下方，向 $183_{上}06$(北)工作面采空区内错 20 m。

第一开切眼：西段位于 $183_{上}06$(北)工作面下方，向采空区内错 14 m，东段位于实体煤下方。

辅顺：辅顺一段南段位于 $183_{上}05$ 工作面采空区下方，北段位于 $183_{上}06$(北)采空区与 $183_{上}04$ 采空区间煤沿柱下方。

胶顺：胶顺北段位于 $183_{上}06$(北)采空区下方，中段位于 $3_{上}$ 遗留煤柱下方，南段位于 $183_{上}05$ 工作面采空区下方，如附图 B-2 所示。

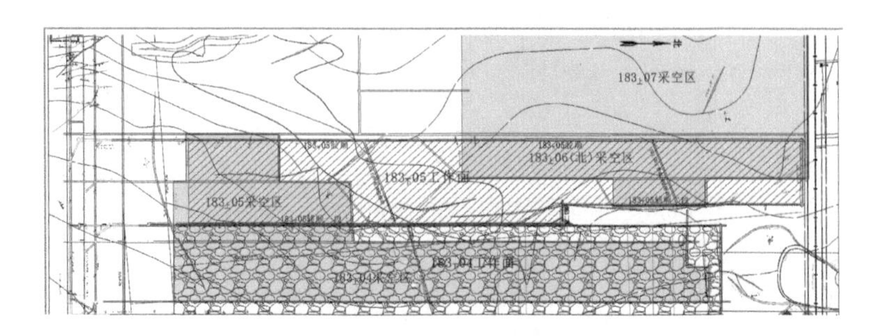

附图 B-2　工作面平面图

(3) 顶、底板情况

工作面上方南部和北部为 $3_{上}$ 煤层采空区，中部为 $3_{上}$ 煤层冲刷无煤区(未采动)。工作面中部煤层含 1～2 层夹矸(岩性为粉砂岩，厚度为 0～0.8 m)。$3_{上}$ 煤层与 $3_{下}$ 煤层间距为 7.01～43.0 m，平均值为 25.0 m，工作面西北部 115# 钻孔附近煤层间距最小处约为 7.0 m，顶板厚度自西北向东南逐渐变厚，工作面中南部区域 $3_{上}$ 煤层与 $3_{下}$ 煤层间岩层厚度超过 35 m，见附表 B-1。

附表 B-1　顶、底板情况

顶、底板名称	岩石名称	厚度/m	岩性及物理力学性质
基本顶	细砂岩，中砂岩	$\frac{9.85\sim11.90}{10.23}$	细砂岩：浅灰色，成分以石英为主，长石次之，含大量粉砂岩包裹体，定向排列，黏土质胶结，较坚实。$f=6\sim8$。 中砂岩：灰白色，略带绿色。成分以石英为主，长石次之，含少量暗色矿物。裂隙发育，充填有方解石脉。$f=8\sim10$
直接顶	粉砂岩	$\frac{0\sim2.50}{1.20}$	深灰色，裂隙较发育，方解石充填，具较多错动滑面，完整性较差。$f=4\sim6$
直接底	泥岩，粉砂岩	$\frac{1.15\sim2.00}{1.85}$	泥岩：褐灰色，含较多植物根化石。$f=2\sim4$。粉砂岩：黑灰色，参差状断口，富含植物根化石。底部含少量粉砂质，具有揉动滑面。$f=4\sim6$
老底	细砂岩	$\frac{1.95\sim15.80}{9.55}$	细砂岩：浅灰色，主要成分为石英，含少量长石，含大量暗色矿物，局部夹粉砂质薄层，缓波状及水平层理发育。$f=6\sim8$

（4）地质构造

地层整体为西北高中间低，向西倾伏的向斜构造，煤层倾角为 0°～10°，平均值为 3°，工作面东部煤层倾角大，最大为 10°左右。工作面内的主要地质构造分述如下：

褶曲：① 向斜：发育在工作面中南部，轴向近 EW，控制工作面整体形态，幅度约为 30 m。② 背斜：次级背斜构造发育在工作面北部，轴向近 EW，为一宽缓的褶皱构造，翼角为 3°左右。

断层：工作面发育 11 条断层，均为正断层，落差最大断层为 KF1825（H＝5.0 m），另外，工作面东北部靠近断层 KF1819。

煤层冲刷：工作面内北部局部受冲刷煤层变薄，煤层厚度最薄为 1.90 m。

陷落柱：工作面及附近不受岩浆岩侵入影响，无陷落柱。

（5）煤柱

$183_{下}05$ 工作面上方的 $3_{上}$ 煤层开采比较复杂，由于 $3_{上}$ 煤层局部不可采，工作面北部正上方为不规则的 $183_{上}06$（北）工作面采空区，西侧上方为 $183_{上}07$ 工作面采空区，东侧为 $183_{上}04$ 工作面采空区，并且 $183_{上}06$（北）工作面采空区与 $183_{上}04$ 工作面采空区之间留设大量煤岩柱。其中，煤岩柱东侧区域受 $183_{下}04$ 工作面开采影响而垮落一部分，导致 $3_{上}$ 煤层残留煤柱宽度又减小 68～156 m。$183_{下}05$ 工作面南部上方为 $183_{上}06$（南）工作面和 $183_{上}05$ 工作面开采剩余的边界煤柱，呈锯齿状，如附图 B-3 所示。受 $3_{上}$ 煤层采空区影响，煤柱上应力集中显著，并对底板 $3_{下}$ 煤层产生影响，造成该区域 $3_{下}$ 煤层应力集中，冲击危险性较高。

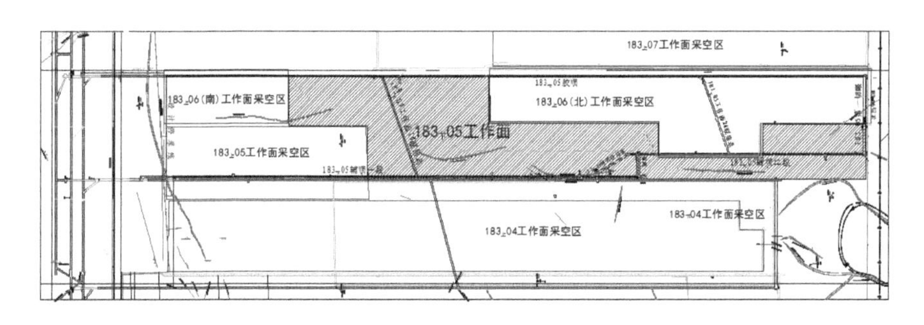

附图 B-3　工作面平面图

（6）工作面特点

① 辅顺为沿空顺槽；② 工作面不规则；③ 埋深大；④ 顶板坚硬；⑤ 断层、褶曲构造多；⑥ $3_{上}$ 煤柱不规则；⑦ 多次进出 $3_{上}$ 煤柱及联络巷道；⑧ 采空区遗留煤柱；⑨ 区段煤柱宽度不等。

B.2 防冲评价情况

(1) 优化工作面布局

济三煤矿 $183_{下}05$ 工作面原设计中辅顺位于 $3_{上}$ 窄煤柱正下方，且沿空布置，处于高应力集中区，冲击危险性较高，如附图 B-4 所示。

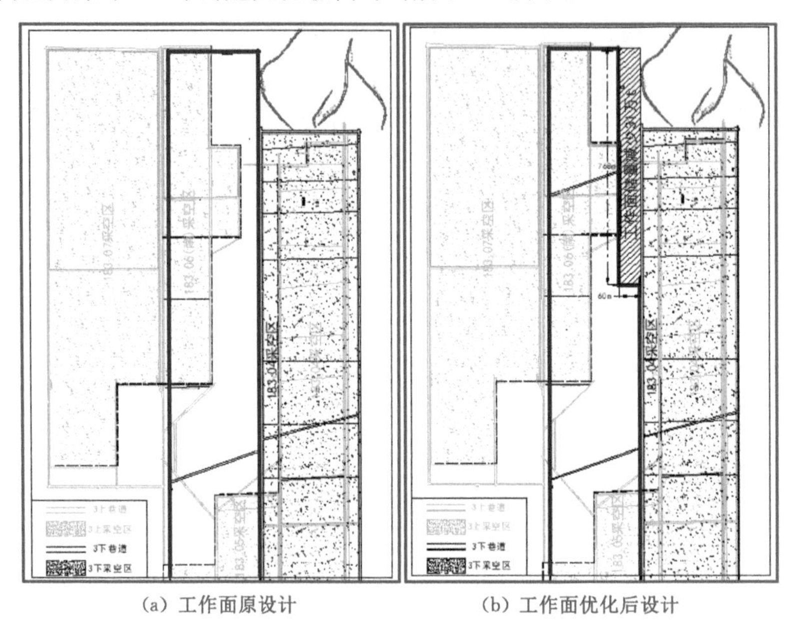

(a) 工作面原设计　　(b) 工作面优化后设计

附图 B-4　工作面优化前、后对比图

通过对工作面布置进行设计优化，将辅顺北段平移至 $3_{上}$ 煤层卸压保护带下方，工作面储量减少 31 万 t，避开窄煤柱和沿空布置，冲击危险程度大幅度降低。

(2) 相邻矿井影响论证

济三煤矿与济二煤矿 $3_{上}$ 煤层边界煤柱为 50 m，$3_{下}$ 煤层边界煤柱为 70 m，如附图 B-5 所示。

委托山东科技大学对两矿井进行了采动影响论证，如附图 B-6 所示。经论证，两矿井相邻工作面无相互影响情况，距离最近的工作面为济三煤矿 $183_{下}05$ 工作面与济二煤矿 $93_{上}15$ 工作面。

(3) 冲击危险性评价

2015 年委托中国矿业大学对 $183_{下}05$ 工作面进行了冲击危险性评价。

2019 年按照新规定委托山东科技大学再次对 $183_{下}05$ 工作面进行了冲击危

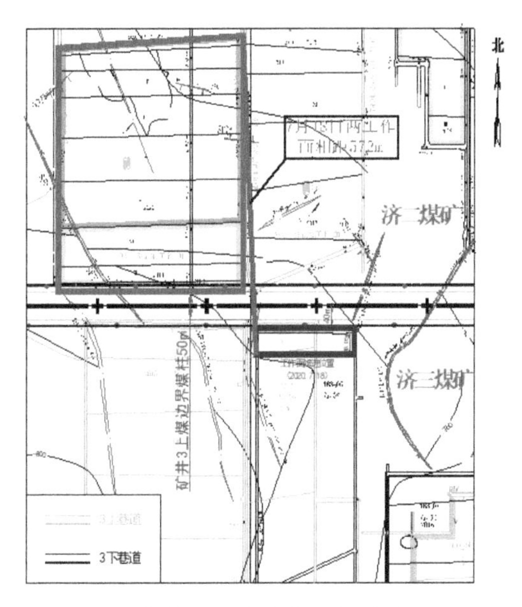

附图 B-5　相邻位置关系图

$183_{下}05$工作面辅顺二段区段宽煤柱安全性及

相邻矿井边界区域采动影响论证

兖州煤业股份有限公司济宁三号煤矿

山东科技大学

2021 年 03 月

附图 B-6　安全论证

险性评价。

2020 年委托山东科技大学对 $183_{下}05$ 辅顺二段(南段)、新增联络巷道掘进工作面再次进行了冲击危险性评价。

(4) 安全开采论证

因 $183_{\text{下}}05$ 工作面上方有 $3_{\text{上}}$ 遗留煤柱，且辅顺二段遗留区段煤柱，故委托山东科技大学进行了安全论证（附图 B-6）：① $183_{\text{下}}05$ 工作面开采安全性论证；②十八采区 $3_{\text{上}}$ 煤柱影响安全开采论证；③ $183_{\text{下}}05$ 工作面辅顺二段区段宽煤柱安全性论证。

（5）制定专项技术方案

为确保安全回采，工作面回采前委托中国矿业大学编制了 $183_{\text{下}}05$ 工作面回采冲击地压防治专项技术方案，兖州能源内部编制了 $183_{\text{下}}05$ 工作面防冲专项措施和 $183_{\text{下}}05$ 工作面过 $3_{\text{上}}$ 煤柱期间防冲专项技术方案。

（6）冲击危险区域划分

根据 $183_{\text{下}}05$ 工作面地质因素和开采技术因素，$3_{\text{上}}$ 煤层开采区域，回采期间冲击危险指数为 0.43，冲击危险等级为弱冲击危险。$3_{\text{上}}$ 煤层未开采区域，回采期间冲击危险指数为 0.71，冲击危险等级为中等冲击危险。回采期间共划分弱冲击危险区 6 个，中等冲击危险区 16 个，强冲击危险区 2 个，如附图 B-7 所示。

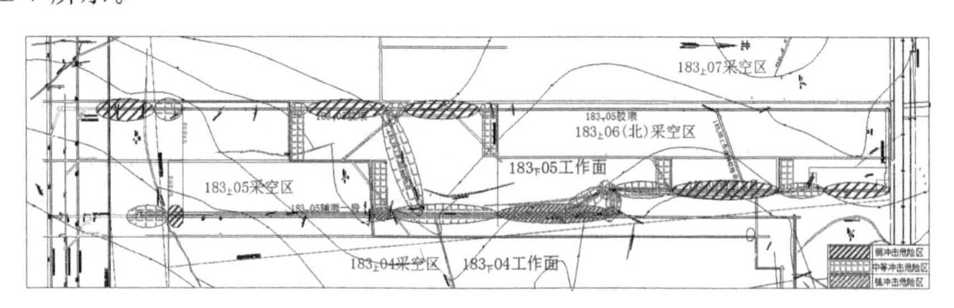

附图 B-7　冲击危险区域划分图

B.3　掘进情况

（1）掘进顺序

① $183_{\text{下}}05$ 胶顺→$1^{\#}$ 联络巷道（自西向东）→$2^{\#}$ 联络巷道。

② $183_{\text{下}}05$ 辅顺一段（南）→$1^{\#}$ 联络巷道（自东向西）→$183_{\text{下}}05$ 辅顺一段（北）→辅顺二段。

③ 后期：$183_{\text{下}}05$ 辅顺二段（南）→新增联络巷道（北）→新增联络巷道（南）。

（2）掘进期间应力集中区

① $1^{\#}$ 联络巷道东段：$1^{\#}$ 联络巷道自西向东面向 $183_{\text{下}}04$ 工作面采空区掘进期间，掘进至联络巷道东段时压力显现明显，煤炮频繁，立即停止掘进，采取断顶爆破、加密卸压孔等卸压治理措施。

② 新增联络巷道与辅顺一段交叉口附近：在此区域掘进时，动力现象显现

明显，鼓帮、鼓底严重，采取了煤层爆破、卸压孔等卸压治理措施。

③ $3_上$煤柱变化区域：进出煤柱 50 m 范围，鼓帮、鼓底严重，掘进期间采取断顶爆破、加密卸压孔等卸压治理措施。

(3) 辅顺二段(南)及新增联络巷道

① 工作面形成后，自二开切眼开门，自北向南掘辅顺二段(南)，自辅顺一段开门掘新增联络巷道，如附图 B-8 所示。

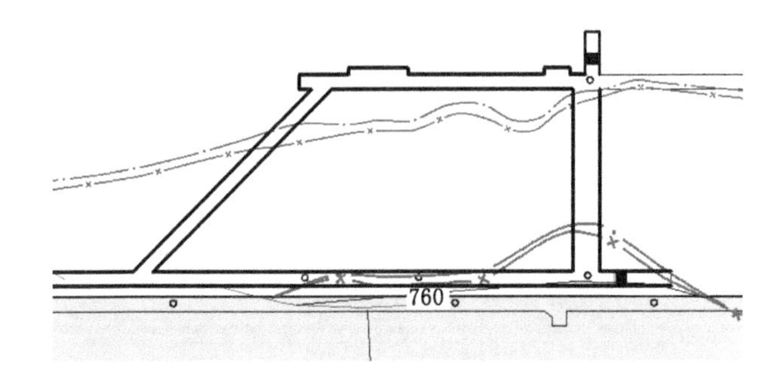

附图 B-8　$183_下05$ 辅顺二段及新增联络巷道掘进顺序

② 新增联络巷道掘进期间震动较多且较为集中，如附图 B-9 所示。

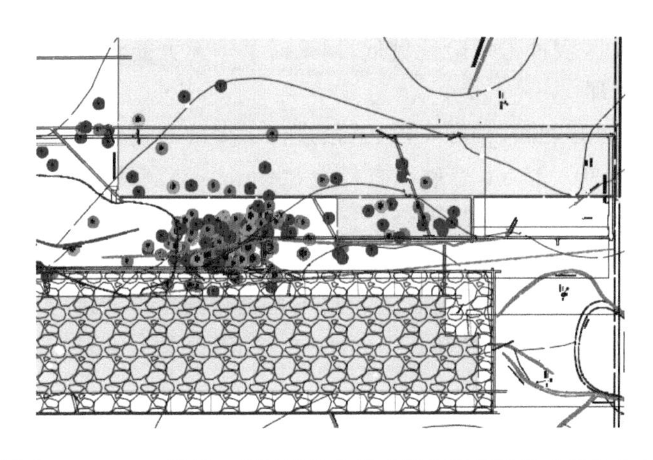

附图 B-9　$183_下05$ 辅顺二段及联络巷道南段掘进期间震动事件分布图

B.4　回采情况

(1) 工作面回采情况

2020 年 7 月 6 日开始回采，回采 365 m 后于 2020 年 9 月 29 日临时停采，进行施工辅顺二段南段、新增联络巷道及二开切眼扩刷等掘进工程。2021 年 1 月 16 日恢复生产，回采 1 600 m 后于 2022 年 4 月 9 日回采结束，回采时间共计约 15 个月。

(2) 回采期间冲击危险情况

回采期间的冲击危险情况出现在以下五处：① 一开切眼至 2# 联络巷道段；② 2# 联络巷道至二开切眼段；③ 二开切眼至完全进入 $3_{上}$ 煤柱段；④ 过 1# 联络巷道段；⑤ 1# 联络巷道至胶顺出 $3_{上}$ 煤柱位置，如附图 B-10 所示。

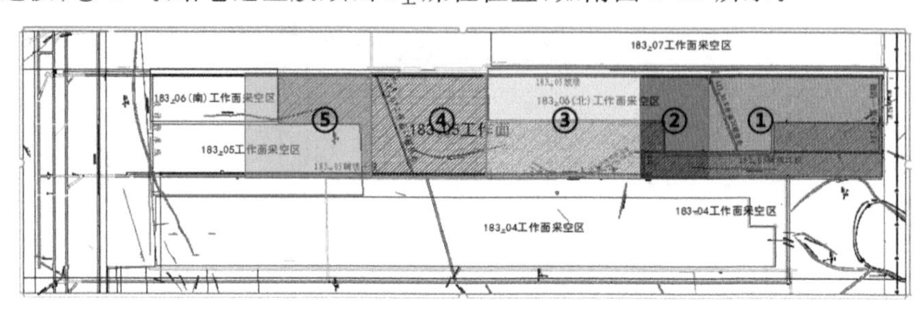

附图 B-10　回采期间冲击危险区域划分

根据回采期间监测情况，冲击危险性由大到小的顺序为③、②、⑤、④、①，与防冲评价基本吻合。

其中①和④区段冲击危险性较低，回采时基本无大能量事件。

(3) 卸压治理

回采期间，对开切眼、辅顺一段、二段进行了爆破断顶。每组 2 个孔，组间距为 15 m，孔深为 30～45 m，爆破孔直径为 80 mm。装药量：36～45 kg。封孔长度：15 m。共计施工顶板爆破孔 188 个，累计消耗炸药 7.3 t。

回采期间，除按照防冲设计要求施工卸压孔以外，对辅顺进出煤柱等应力集中区再次采取了加密卸压孔措施。卸压孔直径为 150 mm，孔深为 20 m，钻孔间距为 0.8 m。共计施工卸压孔 4 380 个，累计钻尺约 8.5 万余米，如附图 B-11 所示。

(4) 特殊区域卸压治理

对二开切眼、新增联络巷道、辅顺一段、辅顺二段(南)四条巷道切割形成的煤柱区域，全部施工了大直径卸压钻孔和爆破断顶，如附图 B-12 所示。

(5) 卸压效果检验

卸压治理后，在 $183_{下}05$ 工作面超前进行 CT 扫描探测，共进行 3 次 CT 反演探测，分别为一开切眼前方、二开切眼前方及 1# 联络巷道前方各 500 m 范围，反演结果为煤体均处于低应力区，如附图 B-13 所示。

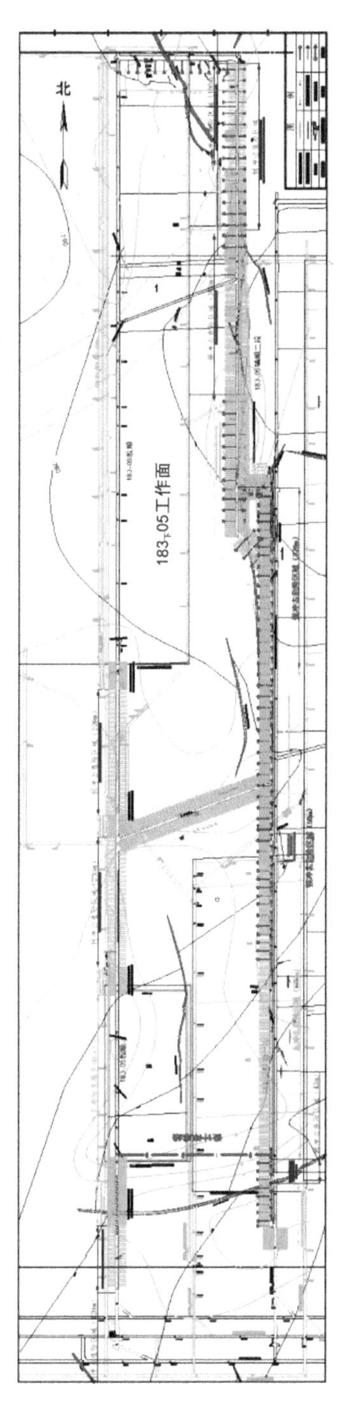

附图B-11 183$_{下}$05工作面卸压工程图

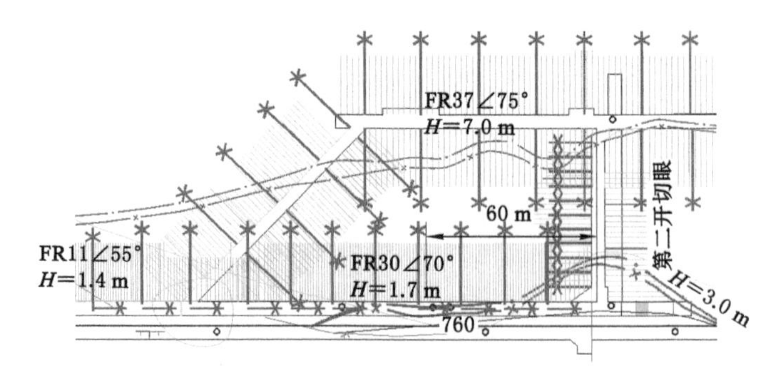

附图 B-12　特殊区域卸压治理图

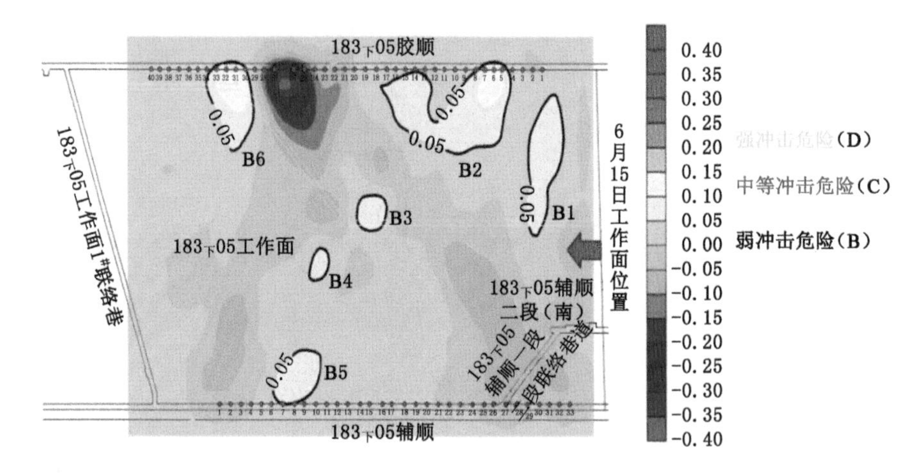

附图 B-13　CT 反演图

顶板深孔爆破后，工作面推过炮孔位置时架后顶板整体垮落，如附图 B-14 所示，减小了悬顶距离，表面爆破效果较好。

附图 B-14　顶板垮落

(6) 特殊区域管控措施

① 特殊区域补强支护。

a. 由于帮部施工的卸压孔较密,帮部支护也受到了一定的破坏,对 $3_{上}$ 煤柱边界帮部施工了锚索补强支护,如附图 B-15 所示。

b. 所有联络巷道顶板提前施工锚索加强支护,如附图 B-16 所示。

附图 B-15　辅顺巷道帮部施工锚索补强支护

附图 B-16　联络巷道顶板施工锚索补强支护

② 充填中间巷。

回采前对新增联络巷道和 1# 联络巷道进行了充填,充填效果较好。如附图 B-17 和附图 B-18 所示。

附图 B-17　新增联络巷道充填效果

附图 B-18　辅顺二段(南)未充填区

③ 加密单元支架,减小超前支护距离。

辅顺、胶顺均采用顺槽支架+单元支架的联合支护方式,总支护长度不小于 120 m。工作面与二开切眼合面后在辅顺一段增加了单元支架,单元支架中心距离不大于 5 m,总支护长度不小于 150 m,如附图 B-19 和如图 B-20 所示。

④ 细化危险区域,严格限员管控。

在 $183_{下}05$ 工作面回采期间对危险区域进行了细化,明确限员进入区域,严格分级管控。

a. 工作面生产期间辅顺沿空巷道不得有人,停机 1 h 之后方可进人。

附图 B-19　顺槽支架

附图 B-20　单元支架

b. 交接班期间，除辅顺岗位工外，其余人员从胶顺进入工作面。

c. 工作面划定煤机检修区域，煤机必须在 $1^{\#}$～$50^{\#}$ 架保护层下方检修。

d. 工作面生产期间 $3_{\text{上}}$ 煤柱下方架前不得有人。

e. 细化危险区域，严格控制推进速度。

根据监测情况及时调整回采速度，降低围岩释放能量事件频次和量级。扩面前，工作面按照平均推进速度不超过 5 刀/d，扩面后先按 3 刀/d 速度推进，推进过程中根据监测情况调整推进速度，最大推进速度不超过 6 刀/d。